Hesse/Schrader

NEUE FORMEN DER BEWERBUNG

- Innovative Strategien
- Einzigartige Gestaltungsideen
- Netzwerke erfolgreich nutzen

STARK

Die Autoren

Jürgen Hesse,
Jahrgang 1951, Diplom-Psychologe und geschäftsführender Gesellschafter im Büro für Berufsstrategie, Berlin.

Hans Christian Schrader,
Jahrgang 1952, Diplom-Psychologe in Baden-Württemberg.

Anschrift der Autoren
Büro für Berufsstrategie
Hesse/Schrader
Oranienburger Straße 4–5
10178 Berlin
Tel. 030 / 28 88 57-0
Fax 030 / 28 88 57-36
info@berufsstrategie.de
www.berufsstrategie.de

Weitere Materialien und Downloads unter: www.berufsstrategie-plus.de
Der Zugangscode lautet: neueformen13

Für die Fotos auf S. 43, 46: © Katy Otto
Für die Fotos auf S. 24, 25, 31, 37, 40, 57, 59, 63, 83, 105: © Regine Peter

ISBN 978-3-86668-796-7

© 2015 by Stark Verlagsgesellschaft mbH & Co. KG
www.berufundkarriere.de
1. Auflage 2013

Das Werk und alle seine Bestandteile sind urheberrechtlich geschützt. Jede vollständige oder teilweise Vervielfältigung, Verbreitung und Veröffentlichung bedarf der ausdrücklichen Genehmigung des Verlages.

Inhalt

Bevor Sie beginnen ... 5
Das macht Sie erfolgreich ... 5
Voraussetzungen für Ihre erfolgreiche Bewerbung ... 5
Wie reagieren die Arbeitgeber? ... 7
Gute Ideen – so klappt's ... 7
… und so eher nicht ... 8
„Gebrauchsanweisung" für dieses Buch ... 9

NEUE SCHRIFTLICHE FORMEN UND WEGE ... 11

Besondere Bewerbungsunterlagen ... 12
Die Dramaturgie Ihres Drehbuchs ... 13
Der Lebenslauf: Alle Abschnitte und Abfolgen ... 16
Das Foto ... 23
Die Anlagen ... 26
Das Anschreiben ... 27
Der rote Faden ... 32

Besondere Bewerbungswege ... 33
Die Initiativbewerbung ... 33
Die Kurzbewerbung ... 39
Der Bewerbungsflyer ... 41
Die Profilcard ... 45
Das Stellengesuch ... 47
Die Doppelbewerbung ... 49

Besonders kreative Gestaltungsideen ... 50
Ästhetische Tricks und Kniffe ... 50
Außergewöhnliche inhaltliche Formen ... 60

Besondere Überraschungseffekte ... 62
Startvorschläge ... 62
Profil ... 68

Anlagenverzeichnis ... 70
Dritte Seite ... 72
Handschriftenprobe ... 76
Referenzen und Empfehlungen ... 77
Rück-Antwortkarte ... 79
Besonderer Hinweis ... 79
Betreff- und PS-Zeile ... 80
Mut zeigen … ... 81
QR-Code anbieten ... 82
Best Practice ... 83

Besonderer Medieneinsatz ... 88
Zettel ... 88
Plakate ... 90
Banner-Werbung ... 91
Postkarten ... 91
Heftchen, Zeitung, Magazin, Katalog ... 92
Sticker, Aufkleber & Co. ... 93
Ungewöhnliches Verpackungsmaterial ... 93
Beilage bei anderer Post ... 94

Besondere Präsentationsformen ... 95
Anlagen, Beigaben, Arbeitsproben ... 95
Verpackung ... 96
Die einfache Variante ... 96
Umschlag und äußere Gestaltung ... 97
Andere kreative Verpackungsmaterialien ... 97
Versand und Übergabe ... 98

Besondere Reaktionen ... 99
Der Nachfassbrief ... 99
Der Absage-Antwortbrief ... 101
Best Practice ... 103
Bleiben Sie dran! ... 110

NEUE DIGITALE FORMEN UND WEGE — 111

Im Netz — 112
Alles googeln … — 112
E-Reputation — 114
E-Stellenangebote: Stellenmärkte, Stellenbörsen, Stellengesuche und Profile auf Firmenhomepages — 115

Die E-Mail-Bewerbung — 119
Was in eine Bewerbungs-Mail gehört … und was nicht — 120
Was Sie bei Ihrer E-Mail formal beachten müssen — 123
Sonstige Mailings — 129

Das Onlineformular — 130
Kurzer Überblick zur Onlinebewerbung bei Firmen — 130
Online – Pflicht oder Kür? — 130
Die standardisierte, automatisierte Bewerbung — 131
Tipps, Tricks und Fallen — 131
Unsere Empfehlung — 132

Online: Weitere Möglichkeiten — 133
PowerPoint — 133
QR-Code — 134
Foren und Blogs — 134
Business Communities — 138
Die eigene Homepage — 142
Videobewerbung, Videobotschaft — 144
Vorstellungsgespräch per Webcam — 146

NEUE PERSÖNLICHE FORMEN UND WEGE — 147

Networking — 148
Bestehende Kontakte — 148
Neue Kontakte — 149
Konkrete Unterstützung — 149
Beziehungsnetz-Pflege — 150

Fürsprecher und Referenzen — 151
Vorträge halten — 151
Vorträge besuchen — 152
Essenseinladung — 152
Interview für Buchprojekt oder sonstige Publikation — 153
Job-Speeddating organisieren — 153

Gute Verbindung – bewerben per Telefon — 154
Informationen sammeln — 154
Kontakt aufnehmen — 155
Kontakt halten — 156
Nachfassen — 156
Dranbleiben trotz Absage — 157
Nach dem Vorstellungsgespräch — 157
Sonderfall Initiativbewerbung — 158
Rückruf potenzieller Arbeitgeber — 158

Weitere Möglichkeiten der Kontaktaufnahme — 159
Visitenkartenpartys — 160
Tipps für den ersten Kontakt — 160
Und noch weitere Möglichkeiten der Kontaktaufnahme — 161

Bestechende Einstiegsofferten — 162
Just Part Time — 162
Neue Chancen durch Zeitarbeit — 163

Viele Wege führen nach Rom — 164

Was Sie noch wissen sollten … — 165
Anmerkungen — 166
Weiterführende Literaturhinweise — 166
Stichwortverzeichnis — 167

Bevor Sie beginnen

Das macht Sie erfolgreich

In diesem Buch stellen wir Ihnen für die drei wichtigsten Vorgehensweisen bei Ihren Bewerbungsaktivitäten viele außergewöhnliche Möglichkeiten der Gestaltung und Kontaktaufnahme vor, damit Sie sich von Ihren Mitbewerbern deutlich positiv unterscheiden. Dabei geht es um …

a) die schriftliche Bewerbung (vom außergewöhnlichen Anschreiben bis hin zum Poster),
b) die digitale Bewerbung (von der E-Mail-Bewerbung bis zur Videoaufnahme),
c) persönliche Bewerbungsaktivitäten (Small Talk, Networking, Probearbeiten usw.).

Alle hier vorgestellten Maßnahmen, mit denen Ihre Bewerbungsaktivitäten positiv auffallen, lassen sich in drei Kategorien aufteilen:

1) Sie sind der Form nach konservativ, inhaltlich aber unkonventionell.
2) Sie sind in der Form unkonventionell, dafür aber inhaltlich eher konservativ.
3) Sie sind in Form und Inhalt (Aussage) mehr oder weniger unkonventionell.

Um Bewerbungsunterlagen zu erstellen, die sich deutlich positiv vom Durchschnitt abheben, stehen Ihnen vor allem die folgenden drei Aufmerksamkeit erweckenden Werkzeuge zur Verfügung: ästhetische Tricks und Kniffe (ab S. 50), besondere und originelle Überraschungseffekte (ab S. 62) und der besondere Medieneinsatz (ab S. 88).

Voraussetzungen für Ihre erfolgreiche Bewerbung

Damit Sie die zu Ihnen passende Variante wählen und nicht Gefahr laufen, mit Ihrer Bewerbung Heiterkeit oder schlimmer noch Verärgerung auszulösen, sollten Sie folgende Hinweise beachten:

Worauf kommt es an?
… auf eine Idee

Am Anfang steht ein kreativer Einfall eine gute, pfiffige Idee, mit deren Hilfe Sie Ihre Botschaft sinnvoll transportieren und erfolgreich vermitteln können. Sie brauchen eine Vision davon, wie Sie was wem vermitteln wollen. Das wird den Empfänger Ihrer Botschaft erreichen. Hoffentlich!

… auf Ihre Authentizität

Sich von seiner besten Seite zu zeigen, ist absolut legitim. Achten Sie dabei jedoch auf den Wiedererkennungseffekt. Ihre Persönlichkeit muss sich in Form und Inhalt Ihrer Bewerbung widerspiegeln.

Geschäftsführer, 45, Personaldienstleistungsbranche, etwa 20 Mitarbeiter:

„Man bekommt heute so viel auf den Tisch und das meiste ist leider Schrott. Viele Leute wissen immer noch nicht, wie man sich ordentlich bewirbt. Da ist eine außergewöhnlich gut gemachte, meinetwegen auch einfallsreiche Bewerbung ein Lichtblick. Aber glauben Sie mir, auch solche Kandidaten sind häufig, wenn man sie dann kennenlernt, eine große Enttäuschung. Die Bewerber geben sich zu wenig Mühe."

Darauf kommt es an:
- Ihre Idee
- Ihre Authentizität
- Ihre Zielorientierung
- Ihre Recherche
- Ihr Gespür

Für Sie bedeutet das: An Ihrer Bewerbung sollte man Sie erkennen. Originalität lässt sich nicht erzwingen. Eine übernommene Idee, die nicht dem Charakter des Bewerbers entspricht oder nicht zu seinem beruflichen Metier passt, geht meist daneben. Manche Menschen präsentieren sich besser in Bildern, andere mit Worten. Wem die zündende Idee fehlt, ist besser beraten, sich auf seine Kompetenz, seine Leistungsbereitschaft und auf seine charakterlichen Stärken oder persönlichen Erkennungsmerkmale und Einstellungen zu besinnen. Man kann auch diese sehr wohl als Ausgangsbasis wählen und damit eine außerordentliche Bewerbung erfolgreich platzieren.

... auf Zielorientierung

Bei aller Originalität ist es wichtig, die Bedürfnisse des Empfängers zu (er-)kennen. Zusätzlich sollte es auch noch gelingen, dies alles auf den Punkt zu bringen und die Bewerbung so zu gestalten, dass die angebotene Mitarbeit als ideale Möglichkeit erscheint. Wer es nicht schafft, den Funken bei seinem Gegenüber überspringen zu lassen, dem wird kaum eine Chance eingeräumt, auch nur vorzusprechen, geschweige denn etwas von seiner Kompetenz und Leistungsfähigkeit unter Beweis zu stellen.

... auf Recherche

Ebenso wirkungsvoll wie originell wird eine Bewerbung erst, wenn der Bewerber im Vorfeld auch noch recherchiert hat, wie groß die Wahrscheinlichkeit ist, dass seine Bewerbung nicht kommentarlos in den Papierkorb wandert. Um das herauszufinden, empfiehlt sich ein Blick auf die Webseite des Unternehmens sowie in Presseberichte oder sogar ein persönlicher Besuch, sofern das Unternehmen in erreichbarer Nähe liegt. So findet sich meistens auch rasch ein Anhaltspunkt für eine gute Idee. Für konservative Branchen empfiehlt sich immer Bewerbungsvariante 1: Konservativer Rahmen mit erfrischendem Inhalt (ein ungewöhnlich getextetes Anschreiben, eine überraschende Botschaft etc.).

... und auf ein gutes Gespür

Schießen Sie nicht über das Ziel hinaus. Eine gute Portion Frechheit mag nicht verkehrt sein, soweit sie mit Charme gepaart ist. Niemals darf die Bewerbung aber anmaßend, beleidigend oder einfach nur zeitraubend sein. Gewisse Provokationen können schlimm nach hinten losgehen, wenn sie nicht aufgelöst werden oder ihr Sinn missverstanden wird. Schauen Sie sich den Stil des Unternehmens an und passen Sie Ihre Bewerbungsmaßnahmen entsprechend an. Um böse Überraschungen zu vermeiden, ist eine objektive Begutachtung durch Freunde (Ihr „Kontrollgremium") sehr hilfreich und unbedingt zu empfehlen. Diese Menschen sind hoffentlich ehrlich genug, zu sagen, wenn der Witz an der Bewerbung auch nach dem dritten Lesen oder Hinschauen nicht verständlich ist, wenn wichtige Informationen fehlen oder überhaupt Zweifel am Erfolg einer solchen Bewerbung bestehen.

Wichtig ist darüber hinaus, die Bewerbung auf größtmögliche Pannenfreiheit zu überprüfen. Ein verstopftes Mail-Postfach nach dem versehentlichen zehnmaligen Versenden einer sowieso schon unerwünschten Datei, das vergessene Verkleinern einer Bilddatei, sodass allenfalls die Nasenspitze eines Bewerbers zu erkennen ist, quälender unmusikalischer Singsang auf unerwünschten Videos, zu früh explodierende Tischfeuerwerke – all das kann schon im Vorfeld verhindert werden. Schlamperei an dieser Stelle hat meist zur Folge, dass die gut gemeinte kreative Bewerbung nur Verärgerung auslöst.

Wie reagieren die Arbeitgeber?

Generell ist die Wirksamkeit neuer Wege und Formen unter Personalentscheidern durchaus umstritten. Befürworter sehen darin den Vorteil, dass sie an der Art und Ausführung der Idee viel über die Persönlichkeit des Bewerbers erfahren. Gegner befürchten lähmende Unlust, sehen ihren Berufsstand nicht genug gewürdigt, trauen dem Absender nicht die notwendige Seriosität zu und geben offen zu, solch kreatives Machwerk häufig unbesehen in den Mülleimer zu werfen. Humor und Kreativität sind immer auch eine heikle Sache. Was dem einen noch Tage später einen Heiterkeitsausbruch beschert, ringt dem anderen noch nicht einmal den Hauch eines Lächelns ab. Die Geschmäcker sind nun mal verschieden.

Trotz aller Vorbehalte gewinnen neue Formen wie z. B. die Videobewerbung auch hierzulande an Bedeutung. Dieser Trend kommt aus den USA, wo selbst konservative Branchen wie Banken und Versicherungen, aber auch das klassische Handwerk sich für diese Art des Kennenlernens schnell begeistern konnten. Hat man doch das Gefühl, den Bewerber und sein Auftreten auf den ersten Blick ein wenig besser einschätzen zu können.

Gute Ideen – so klappt's

Was es alles gibt an Einfällen, Versuchen und Experimenten, das zeigt sich schon an den diversen Möglichkeiten, den eigenen Lebenslauf zu „verpacken": Mal ist er an einem Rettungsring in der Signalfarbe Orange befestigt, dann auf eine Klopapierrolle geschrieben und anschließend aufgerollt; es gibt ihn in modischer Booklet-Form mit Bebilderung (Fotos, Zeichnungen) oder versehen mit dem Hinweis auf die eigene Bewerber-Homepage …

Auch der Einsatz eines A-cappella-Chors, den ein Bewerber bei seinem potenziellen Arbeitgeber vorbeigeschickt hat, ist dokumentiert, ebenso wie Überlegungen, die Bewerbung in Form eines Interviews, als Angebotsschreiben, als Rede, Fragebogen oder Gebrauchsanweisung zu verfassen.

Ein junger Mann druckte seine Bewerbung um einen Ausbildungsplatz als Grafiker bei der Agentur Jung von Matt auf ein großes Plakat und hängte es im Eingangsbereich der Agentur auf. Einer anderen Bewerbung lagen frische Äpfel mit der Bemerkung „Ich bin so knackig und frisch wie ein Apfel!" bei. Und auch ein Koch, der seine Bewerbungsunterlagen in einer Bratpfanne verpackte, hatte Erfolg und bekam eine Einladung zum Vorstellungsgespräch.

Vielleicht gibt es so etwas wie sehr gute Ideen, weniger gute und nicht so gute Ideen. Sie werden es aber auch nicht jedem Entscheider recht machen können. Letztendlich entscheiden Sie, und ein bisschen Mut zum Risiko gehört dazu!

Was zählt, sind eine tolle Idee, eine professionelle Umsetzung und der richtige Zeitpunkt.

TV-Starmoderator Stefan Raab legte seiner konventionellen Bewerbung bei VIVA ein Glas Honig und einen Pinsel bei und schrieb mutig dazu, dass sich die Mitarbeiter den Honig selber ums Maul schmieren sollten.[1]

Nele Beck stellte ein Video bei YouTube ein, in dem sie alle YouTube-User aufforderte, an YOU FM zu schreiben, dass sie genau die Richtige für ein Praktikum bei diesem Radiosender sei. Daraufhin ging so viel Fanpost ein, dass YOU FM ihr ein Praktikum anbot – ebenfalls per Video über YouTube. Die Antwort des Radiosenders kann man auf YouTube sehen: *http://www.youtube.com/watch?v=m9WXUC0IMMA*

Die Moderatorin Claudia Wandrey startete ihre Karriere beim interaktiven Radiosender bigFM in Mannheim mit einem Volontariat, das sie auf sehr ungewöhnliche Art erhielt. Bereits als Praktikantin im Sender aktiv, war sie zwar wegen ihrer fachlichen Stärken und ihrer Wesensart bei Geschäftsführer und Kollegen sehr beliebt, für die Volontariatsstelle hatte man aber bereits einen Mann vorgesehen, das Einrichten einer zweiten Stelle schien absolut ausgeschlossen. Da entstand unter den Kollegen die Idee, ein Video zu drehen, in dem alle begründeten, warum Claudia diese Stelle erhalten sollte – inklusive witziger Interviews und Statements zu diesem Anliegen von wildfremden Leuten auf der Straße, die Claudia Wandrey selbst eingefangen hatte. Am Tag der endgültigen Absage drückte sie dem Geschäftsführer das Video in die Hand – mit Erfolg. Als neue Marschrichtung des Senders war das Virtuelle geplant. Das Video war dafür eine perfekte Arbeitsprobe und kam genau zum richtigen Zeitpunkt.[2]

Der Franzose Victor Petit verschickte eine DIN-A4-Seite, auf der auf der einen sein Lebenslauf, auf der anderen ein großformatiges Bewerbungsfoto abgebildet war. Die Besonderheit: An der Stelle, an der der Mund wäre, war ein QR-Code abgebildet, den der Personaler aufrufen konnte. Legte er das Handy dann auf den QR-Code, also auf den Mund, sah er auf dem Smartphone-Display nun wiederum den Mund von Petit – in Bewegung! Petit übermittelte dem Personaler hier noch eine zusätzliche Botschaft, die sicher überzeugte! Wie genau das ablief, ist unter *http://vimeo.com/21228618 anzusehen*.

Philippe Dubost hat für sich eine besondere Art der Bewerbungs-Homepage erstellt. Er hat sie in Aussehen und Funktionsweisen an eine Produktseite des Branchenriesen amazon.de angelehnt und wirbt dort für sich selbst: *www.phildub.com*. Dafür hat er zahlreiche positive Rückmeldungen bekommen!

... und so eher nicht

Aleksey Vayner, damals Student an der Yale Universität, bewarb sich 2006 per Video bei der schweizerisch-amerikanischen Bank UBS – er bekam zwar nicht den Job, dafür aber einen hohen, wenn auch zweifelhaften Bekanntheitsgrad bei YouTube und damit in ganz Amerika. Vayner hatte vergessen, das siebenminütige Werk, in dem er beeindruckende, aber für einen Banker nicht karriererelevante Fähigkeiten zeigt, mit einem Passwort zu schützen. So sah die ganze Welt Vayner beim Salsatanzen, beim Tennisspiel, beim Gewichtheben und beim Durchschlagen von Ziegelsteinen. Titel seines Videos: „Nothing is impossible". Nun war Aleksey Vayner vielleicht der einzige Mensch weltweit, der an der Veröffentlichung seiner Bewerbung nichts Erheiterndes finden kann. Er hat die UBS-Bank deswegen verklagt.[3]

Keinen Bewerbungserfolg hatte auch eine Marketing-Fachfrau, die Ihre Bewerbungsunterlagen zusammen mit einer feinen Auswahl kulinarischer Spezialitäten verschickte. Leider war die Adressatin im Urlaub, als das Paket ankam. Als sie es dann nach einigen Wochen öffnete, stank es fürchterlich.[4]

Ein Mann schickte einen Fön an eine Werbeagentur und schrieb dazu: „Ich bringe frischen Wind in Ihr Unternehmen!" Die schickte den Fön zurück und antwortete: „Heiße Luft können wir selber produzieren!"[5]

„Gebrauchsanweisung" für dieses Buch

Bei allen neuen Formen der Bewerbung, die wir Ihnen in diesem Buch vorstellen und von denen Sie vielleicht sogar auch schon einmal gehört haben, haben wir uns gefragt, für wen sie sich besonders eignen (und für wen eher nicht), worauf Sie dabei besonders achten sollten und wie hoch der „Überraschungs- und Risikoakzeptanzwert" ist.

Zielgruppe: Nicht immer sind alle Ideen für alle gleich gut geeignet. Das gilt für den Bewerber als auch das Unternehmen/die Institution, bei der er/sie sich bewerben will. Je nach Branche/Größe des Unternehmens oder der angestrebten Position sind die Erfolgsaussichten unterschiedlich. Wenn wir hier bespielsweise 20.000 € p.a. schreiben, so meinen wir stets das Bruttojahreseinkommen. Im Endeffekt müssen Sie auch entscheiden, ob die Methode zu Ihnen passt. Und deshalb finden Sie neben dem Hinweis, für wen dieses Vorgehen besser geeignet ist, gleich noch zwei weitere Hinweise:

Achtung: Darauf kommt es besonders an, hier lauert eine Gefahr, das ist leicht zu übersehen! Ein gezielter Hinweis also auf Stolperfallen!

Überraschungsrisiko: Die Skala geht von absolut neu, sehr außergewöhnlich und unüblich bis sehr gewöhnungsbedürftig, stark risikobehaftet, was die allgemeine Akzeptanz in der Bewerbungspraxis anbetrifft. Hier bedeutet „1" nicht sonderlich ungewöhnlich, aber auch kein Risiko, während „10" schon sehr gewöhnungsbedürftig ist und wirklich nicht jedermanns Geschmack trifft, ergo auch ein Risiko darstellt. Die besseren Werte liegen also nicht in den Außenpositionen 1 oder 10, sondern eher um die Mitte, also um 5 bzw. zwischen 3 und 8. Wenig Überraschung (1) ist dabei ebenso unattraktiv wie zu viel Akzeptanzrisiko (10). Klar aber dürfte auch sein: Sie können es nicht allen recht machen... Uns geht es darum, Sie mit diesem Wert zu sensibilisieren.

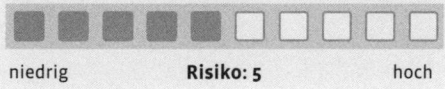

niedrig   **Risiko: 5**   hoch

NEUE SCHRIFTLICHE FORMEN UND WEGE

Übersicht

- **BESONDERE BEWERBUNGSUNTERLAGEN**
- **BESONDERE BEWERBUNGSWEGE**
- **BESONDERS KREATIVE GESTALTUNGSIDEEN**
- **ÜBERRASCHUNGSEFFEKTE**
- **BESONDERER MEDIENEINSATZ**
- **BESONDERE PRÄSENTATIONSFORMEN**
- **BESONDERE REAKTIONEN**

Zunächst geht es uns um die zum Teil noch eher klassischen Formen und Wege, jedoch „gewürzt" mit etwas Besonderem.

Starten wir mit einer fast noch klassischen, sehr ordentlichen Präsentation Ihrer schriftlichen Bewerbungsunterlagen. Diese kommt auf ganz normalem Weg zum Empfänger, vermittelt aber schon, hier hat sich jemand besondere Mühe gemacht. Ihre Unterlagen sollen dem Empfänger Ihrer Bewerbung vermitteln, dass Sie, der Absender, sich etwas Spezielles für ihn haben einfallen lassen. Auf diese Weise hebt sich Ihre Bewerbung von den vielen anderen ab, die sich eben offensichtlich nicht so viel Mühe gemacht haben.

Besondere Bewerbungsunterlagen

Herzstück Ihrer Bewerbung: Der Lebenslauf, Ihr „Beruflicher Werdegang"

Ex-Personalvermittlerin, 39:
„Ganz wichtig erscheint mir jedoch zunächst einmal folgender ‚dicker' Hinweis: immer das eigene Ziel und die Zielgruppe bedenken, und die wenige Zeit, die Personalentscheidern für eine Sichtung der Bewerbungsunterlagen bleibt."

Ihr Lebenslauf, besser Ihr beruflicher Werdegang ist das, was den Personalentscheider wirklich interessiert. Ihre berufliche Vita soll vor allem Auskunft darüber geben, was Sie aktuell leisten und wie es dazu gekommen ist (Stichwort roter Faden), um den Entscheider sicherer abschätzen zu lassen, ob er Ihnen neue Aufgaben zutrauen kann. Ein guter Auftritt auf Papier oder auch digital Auftritt kann Ihnen schon wesentlich dabei helfen, Sie im Bewerbungsprozess ein Stück weiterzubringen.

Ihr Ziel ist die Einladung zu einem persönlichen Gespräch. Ihre Unterlagen sollen Interesse an Ihrer Person, an Ihren Fähigkeiten und damit an Ihren Problemlösungsqualitäten auslösen. Und bei der Anfertigung dieser Unterlagen bieten sich Ihnen viele Möglichkeiten, sich aus der Masse positiv abzuheben, angenehm aufzufallen. Egal ob durch ein besonderes Anschreiben, eine außergewöhnliche Anordnung der Dokumente oder ein beeindruckendes Foto: Wir zeigen Ihnen, was bei diesem Herzstück Ihrer Bewerbung möglich ist und worauf Sie achten müssen.

Standards und Patentrezepte oder „Erlaubt ist, was gefällt"?

In den diversen Ratgebern zu diesem Thema finden Sie immer wieder recht starre Empfehlungen und Regeln: Benutzen Sie nur weißes Papier, nennen Sie keinesfalls ein Hobby oder Ihre Gehaltsvorstellung – und vielerlei mehr. Manche Aussagen sind sogar widersprüchlich und verunsichern eher, als dass sie helfen. Vergessen Sie dies alles!

Je nach Branche und Bewerbertyp existieren sicherlich Grenzen für die kreative und individuelle Gestaltung einer Bewerbung. Aber innerhalb dieser Grenzen gibt es erstaunlich viele innovative Möglichkeiten, die Sie nutzen sollten. Aufgrund unserer nunmehr dreißigjährigen Erfahrung in der Beratung von vielen Tausend Bewerbern wissen wir um die „modischen" Entwicklungen und Trends und haben diese auf ihre Praxistauglichkeit hin überprüft.

Falls Sie beispielsweise entscheiden, Ihre Bewerbung per Hand auf feuerrotem Papier mit grüner Tinte zu schreiben, kann das durchaus Erfolg haben, zumal wenn es sich um einen relativ kreativ-aufgeschlossenen Tätigkeitsbereich handelt, wie etwa die PR-Abteilung eines Energiekonzerns, der sich besonders umweltbewusst gibt. Klar ist jedoch auch, dass das gleiche Vorgehen bei einer großen deutschen Bank allerbeste Chancen für die Rundablage P (= Papierkorb) hat.

Fazit: Es gibt nicht den Königsweg für die hundertprozentig erfolgreiche überzeugende schriftliche Bewerbung. Man kann mit einem innovativ-kreativen Bewerbungsdesign nicht jeden Personalchef überzeugen und muss eventuell damit leben, dass fünf von zehn den

BESONDERE BEWERBUNGSUNTERLAGEN

Kopf schütteln und Ihnen alles zurückschicken. Sehr wahrscheinlich aber werden ein, zwei Personalauswähler Ihr Engagement zu schätzen wissen und entsprechend positiv darauf reagieren. Und nur darauf kommt es an. Sie sollten wissen, was Sie wollen, denn jeden zu überzeugen – everbody's darling zu sein – ist nun mal nicht möglich.

Das tun Sie besser vorab:
1. Ihr Kommunikationsziel definieren
2. Botschaften entwickeln
3. Argumente zusammenstellen

Diese Fragen bringen Sie voran:
- Was ist Ihr Nutzwert?
- Warum soll man sich für Sie entscheiden?
- Was können Sie besser als andere Bewerber?

Verdeutlichen Sie sich immer:
Sie werden als Problemlöser gebraucht. Man wird Sie einstellen, weil man daran glaubt, Sie könnten die anstehenden Aufgaben besser lösen.

Es geht um einen Werbeprospekt in eigener Sache, auch wenn es alle Welt Bewerbungsunterlagen nennt.

Die Dramaturgie Ihres Drehbuchs

Zunächst müssen Sie entscheiden, wie Ihre Bewerbungsunterlagen aussehen sollen, welche Seiten in welcher Abfolge Sie zusammenstellen und präsentieren wollen. Bildlich gesprochen:

Wie soll das „Drehbuch" Ihres Erfolgsfilmes konzipiert werden? Zur Drehbuch-Metapher: Alle Rollen werden durch Sie besetzt. Sie sind der Produzent, Drehbuchautor, Regisseur und, wenn Sie weiterkommen, der Hauptdarsteller. Als Drehbuchautor müssen Sie wissen, was Sie Ihrem (Lese-)Publikum vermitteln wollen und auf welche Art das geschehen soll. Für Ihre Unterlagen bedeutet dies: Was soll wie auf welchen Seiten stehen? Wir zeigen Ihnen verschiedene Varianten in Form von Skizzen. Betrachten Sie diese Vorschläge als Anregung. Sie entscheiden, was Sie für sich in Anspruch nehmen wollen und was nicht.

Je differenzierter Sie in die Planung auch des Inhaltes jeder einzelnen Seite gehen, desto leichter fällt Ihnen die Umsetzung. Ein vorher entwickeltes Konzept hilft letztlich Zeit zu sparen. Wie umfangreich Ihr Werbeprospekt in eigener Sache insgesamt wird, bestimmen Sie. Ob relativ kurz mit nur zwei, drei Seiten plus Anlagen oder eher ausführlich mit sechs bis sieben Seiten, vom Deckblatt über die ausführliche Selbstdarstellung bis hin zum Anlagenverzeichnis mit weiteren zehn Dokumenten – das hängt vor allem vom Alter und von der entsprechenden Berufserfahrung ab. Und nicht alles, was der Bewerber zu bieten hat, gehört in die Unterlagen. Da ist oft weniger mehr!

Zielgruppe: Alle.
Achtung: Die gewählte Abfolge muss dem individuellen Fall entsprechen.

niedrig **Risiko: 6** hoch

Bevor Sie loslegen, lesen Sie auch unter *www.berufsstrategie-plus.de*, warum die mentale Einstimmung bei Ihrem Bewerbungsvorhaben so wichtig ist.

www.

Kommentar: Diese Variante kennen Sie: Das Anschreiben auf einer Seite, relativ neu und außergewöhnlich das Extra-Deckblatt. Dann folgt auf einer oder zwei Seiten der Lebenslauf, anschließend die Anlagen, wie Arbeits- und Ausbildungszeugnisse etc.

Kommentar: Nach dem Anschreiben und einem Deckblatt, aber noch vor den Lebenslaufdaten eine Seite mit den persönlichen Daten, Ihrem Foto und gegebenenfalls einem Resümee. Dann folgen die Anlagen, die wir hier aus Platzgründen nicht aufgeführt haben.

Kommentar: Besonders die Einleitungsseiten (Deckblatt, Inhaltsübersicht, Einleitungsseite, erste Botschaften) bis hin zum Lebenslauf sind je nach persönlichem Geschmack ausführlicher oder knapp zu gestalten, möglicherweise auch gänzlich einzusparen. Aus Platzgründen verzichten wir hier auf die Darstellung des Anschreibens und der Anlagen.

Kommentar: Bereits auf dem Deckblatt wirbt der Kandidat mit seinem Foto und den Sozialdaten. Dann folgt zuerst ein Überblick über die Fähigkeiten und die Ausgangssituation sowie die beruflichen Ziele, um auf den beiden folgenden Seiten den beruflichen Werdegang zu präsentieren. Die Ausbildungsdaten sowie Interessen/Hobbys kommen zum Schluss. Aus Platzgründen verzichten wir hier auf die Darstellung des Anschreibens und der Anlagen.

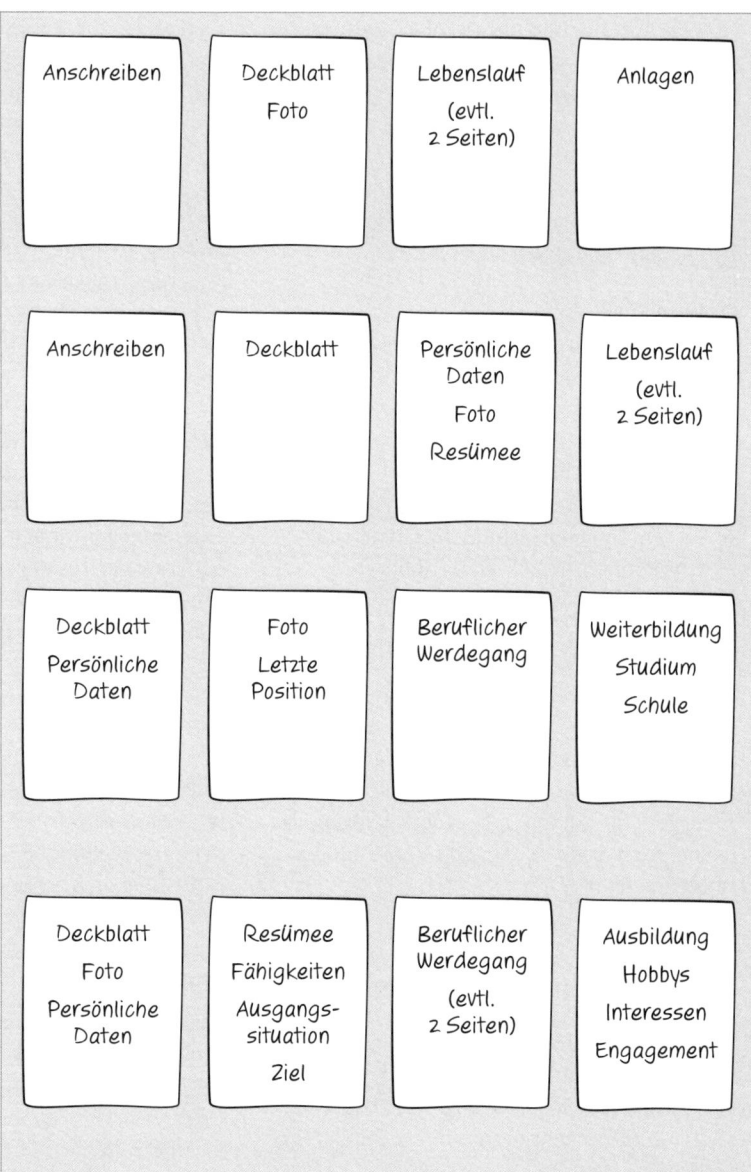

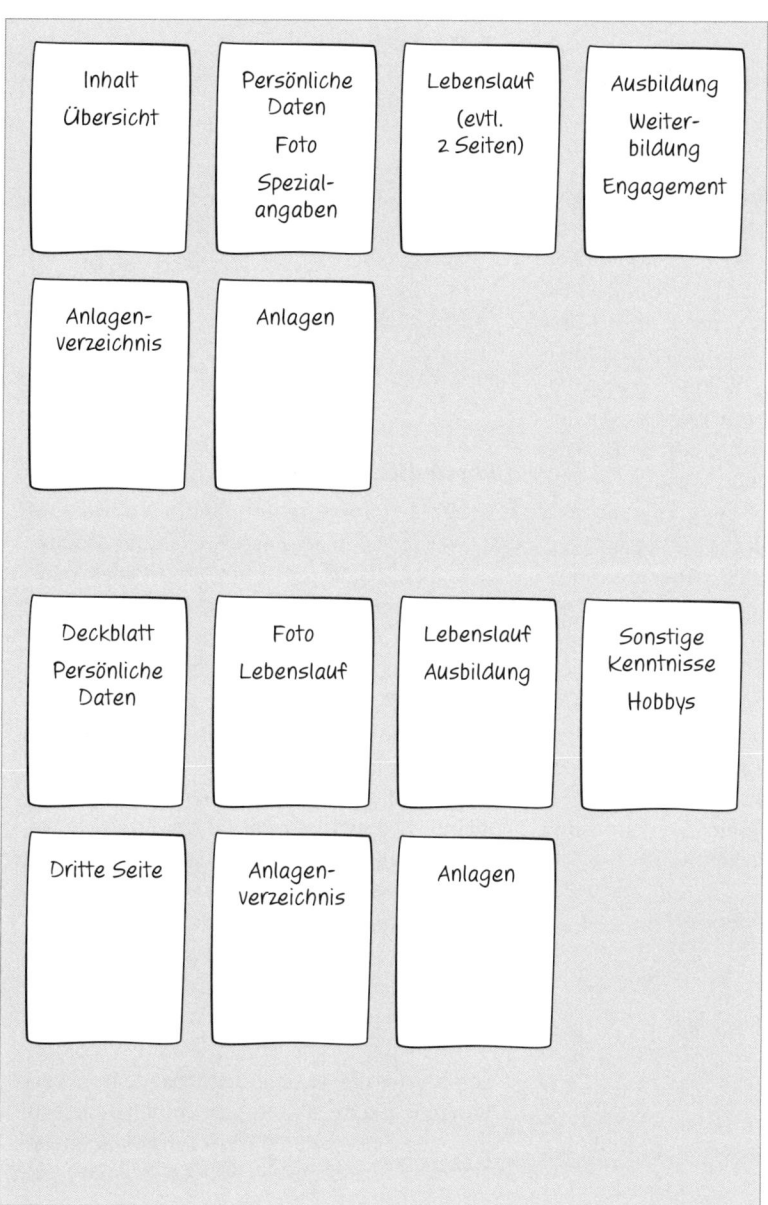

Kommentar: Das Inhaltsverzeichnis hat hier eine Art Deckblattfunktion, die folgende Seite trägt Foto und Sozialdaten sowie eine Aufführung beruflicher Spezialaufgaben bzw. -qualifikationen. Dann folgt der berufliche Werdegang. Die Ausbildungsdaten, Interessen/Hobbys kommen wieder zum Schluss. Nicht zu vergessen: eine Extraseite mit dem Anlagenverzeichnis. Aus Platzgründen verzichten wir hier auf die Darstellung des Anschreibens und der Anlagen.

Kommentar: Hier enthält das Deckblatt schon wichtige Sozialdaten des Bewerbers. Auf der nächsten Seite zuerst das Foto, dann Lebenslaufdaten über zwei Seiten inklusive der Ausbildung am Ende der dritten Seite. Auf der vierten Seite, eventuell nur halb voll mit „Sonstige Kenntnisse" und „Hobbys", könnten Sie bereits unterschreiben. Die neue „Dritte Seite" – hier eigentlich die fünfte – enthält eine spezielle Botschaft für den Leser. Das Anlagenverzeichnis rundet die ganze Sache gut ab; darauf folgen die Anlagen.

Der Lebenslauf: Alle Abschnitte und Abfolgen

Zu den persönlichen Daten zählen:
- Vor- und Zuname
- Berufsbezeichnung
- Ihr berufliches Ziel
- Ihre Ausgangssituation
- Geburtsdatum und -ort
- evtl. Familienstand
- evtl. Anzahl der Kinder
- komplette Anschrift mit Telefon-/Handynummer und E-Mail-Adresse
- Name und Beruf des Ehepartners (muss nicht unbedingt sein)
- Religionszugehörigkeit (nur üblich für Bewerbungen bei Tendenzbetrieben, z. B. Caritas etc.)
- Staatsangehörigkeit (nur wenn Sie kein Deutscher sind bzw. Ihr Name so klingt, als seien Sie Ausländer/ausländischer Herkunft)

Was ist erlaubt?

Es besteht kein Zwang, die Abfolge der Lebenslaufabschnitte in einer bestimmten Reihenfolge zu gestalten. Wenn Sie die persönlichen Daten bereits an anderer Stelle in aller Ausführlichkeit abgehandelt haben (z. B. auf dem Deckblatt oder einer Einleitungsseite), können und sollten Sie mit der aktuellen Berufstätigkeit beginnen, gefolgt von der beruflichen Weiterbildung und besonderen Kenntnissen. Die Schulausbildung und sonstige erwähnenswerte Interessen (Hobbys, Engagement) bilden dann den Abschluss. Der Leser muss schnell einen guten Überblick über die von Ihnen als wichtig erachteten Informationen bekommen. Solange Sie das beachten, haben Sie völlige Freiheit in der Gestaltung der Reihenfolge. Als Grundregel gilt jedoch immer: Seien Sie sich im Klaren darüber, welche Botschaft Sie durch die von Ihnen gewählte Informationsabfolge vermitteln wollen. Versuchen Sie einzuschätzen, wie erfolgreich Sie wohl damit bei Ihrem Empfänger sein könnten.

Themenblöcke eines Lebenslaufs:
- Persönliche Daten
- Schulausbildung
- Wehr-/Zivildienst/Freiwilliges Soziales Jahr
- Berufs-/Hochschulausbildung
- Berufstätigkeit
- Berufliche/außerberufliche Weiterbildung
- Besondere Kenntnisse
- Engagement/Hobbys/Interessen/Sonstiges

> **Zielgruppe:** Je höher die Position, desto weniger sind alte Informationen nötig.
> **Achtung:** Bitte keine außergewöhnliche Abfolge kreieren nur um des Effektes willen.
>
> niedrig   **Risiko: 5**   hoch

Persönliche Daten

Neben den aufgezählten Inhalten dürfen Sie bisweilen schon an dieser Stelle auf besondere Erfolge, Erfahrungen, Interessen oder sogar Hobbys hinweisen. Wenn diese etwas zum gesamten Persönlichkeitsbild beitragen können, ist das gerechtfertigt. Das Gleiche gilt für Mitgliedschaften in Parteien, Gewerkschaften oder anderen Einrichtungen und Institutionen. Bei der Ausgangssituation bitte unbedingt die Formulierung „Arbeit suchend" vermeiden. Namen und Berufe der Eltern sowie gegebenenfalls der Geschwister sollten bei gestandenen Bewerbern auf keinen Fall angeführt werden. Sind Ihre Kinder noch in einem recht betreuungsintensiven Alter, lassen Sie die Altersangaben lieber weg (überhaupt müssen Kinder nicht angegeben werden!).

Nach der Namensangabe (direkt gefolgt von der Berufsbezeichnung bzw. dem Bewerbungsziel) kann die Abfolge modifiziert werden. Alle diese persönlichen Daten haben ge-

BESONDERE BEWERBUNGSUNTERLAGEN

gebenenfalls auch Platz auf dem Deckblatt oder der ersten Seite (s. S. 62) und können da wie dort durch das Foto sinnvoll flankiert werden. Sollten Sie den Schwerpunkt dieser Daten an anderer Stelle abhandeln, reicht die Angabe von Name, Berufsbezeichnung und Geburtsdatum (oder eine Altersangabe), um zur nächsten Rubrik überzugehen.

Zielgruppe: Vorsicht bei über 150.000 € p. a. und Führungspositionen.

Achtung: Das muss immer noch zu Ihnen passen, keine Effekthascherei.

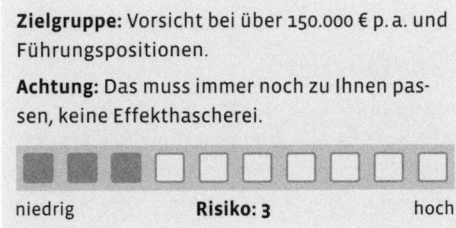

niedrig   **Risiko: 3**   hoch

Schulausbildung

An welcher Stelle auch immer Sie über Ihre Schulbildung Auskunft geben: Die ausführliche Nennung von beispielsweise zwei Grundschulen (wegen eines Umzugs der Eltern) ist absolut überflüssig und ohne jegliche Relevanz für Ihr aktuelles Bewerbungsvorhaben. An dieser Stelle können Sie getrost sparsam mit Detailinformationen umgehen, wenngleich die Angabe des Wechsels von der Realschule auf das Gymnasium oder die Nennung der gymnasialen Fachrichtung (z. B. humanistisch, naturwissenschaftlich) natürlich eine gewisse Bedeutung haben kann.

Glatte Jahreszahlen reichen aus, und wann genau Sie das Abitur mit welcher Durchschnittsnote absolviert haben oder die Realschule verließen, spielt vermutlich keine Rolle mehr. Zweiter Bildungsweg und Abendgymnasium sind natürlich Kennzeichen Ihrer besonderen Leistungs- und Lernmotivation und sollten deshalb angemessen Erwähnung finden.

Zielgruppe: Bei Top-Gehältern über 180.000 € p. a. nicht angeben.

Achtung: Sollte Ihr Kommunikationsziel unterstützen. Gefahr der Effekthascherei.

niedrig   **Risiko: 3**   hoch

Wehr- bzw. Zivildienst, Freiwilliges Soziales Jahr, Bundesfreiwilligendienst

Diese Zeitspanne können Sie nicht unter den Tisch fallen lassen. Und ob Sie bei der Marine als Funker tätig waren oder in einem Kinderheim für Schwerstbehinderte Ihren Zivildienst absolviert haben, stellt auch eine gewisse Information über Sie selbst dar. Diese wird je nach Arbeitgeber anders interpretiert und kann von Ihnen auch dazu benutzt werden, um bestimmte Erfahrungen oder Entwicklungen (Stichwort: emotionale Intelligenz) glaubhaft zu vermitteln. Frauen und Männer, die sich für ein Freiwilliges Soziales Jahr oder einen Bundesfreiwilligendienst entschieden haben, können die Angabe dieser Zeitspanne entsprechend für ihr Bewerbungsvorhaben nutzen.

Zur Zeitangabe: gegebenenfalls Monat und Jahr, wenn länger zurückliegend, reicht die Jahresangabe.

Generell gilt:
Je länger Ihre Schulzeit zurückliegt, desto komprimierter können Ihre Informationen sein. Falls Ihre Schulzeit aufgrund einiger „Ehrenrunden" etwas länger gedauert haben sollte: Bloß keine Erklärungen! Es sei denn, Sie sind 18 Jahre jung und Ausbildungsplatzsucher.

Warum wir mit dem Lebenslauf starten?
Weil 80 Prozent der Empfänger zuerst darauf schauen. Genau genommen zuerst auf das Foto. Sie würden doch auch erst einmal sehen wollen, mit wem Sie es da zu tun haben – nicht wahr?
Der Lebenslauf gibt viel mehr Auskunft darüber, ob Sie ein interessanter Kandidat sind oder nicht. Was nicht bedeutet, dass das Anschreiben quasi bedeutungslos ist.

Bedenken Sie:
Bei der Gestaltung Ihres eigenen Werbeprospektes geht es immer um die Beantwortung der Frage: Was unterscheidet Sie positiv von andern Bewerbern, was von anderen Berufsvertretern? Kurzum: Was ist Ihr USP, was Ihre spezielle Problemlösungskompetenz? Egal ob klassisch per Post oder als E-Mail verschickt, Ausgangspunkt ist immer eine gute, weil überzeugende Bewerbung, die man auch in die Hand nehmen kann, mit der man sich wohlfühlt.

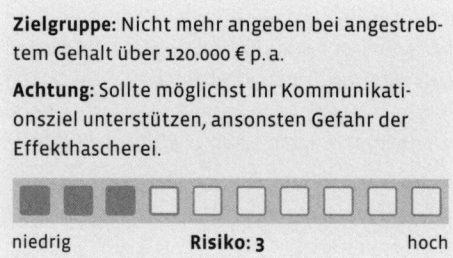

Zielgruppe: Nicht mehr angeben bei angestrebtem Gehalt über 120.000 € p.a.

Achtung: Sollte möglichst Ihr Kommunikationsziel unterstützen, ansonsten Gefahr der Effekthascherei.

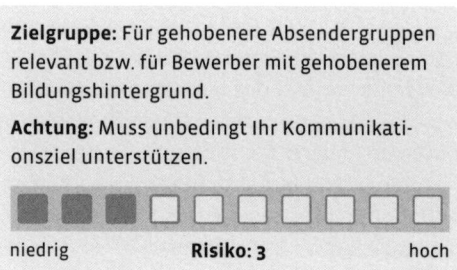

Zielgruppe: Für gehobenere Absendergruppen relevant bzw. für Bewerber mit gehobenerem Bildungshintergrund.

Achtung: Muss unbedingt Ihr Kommunikationsziel unterstützen.

Berufs- bzw. Hochschulausbildung

Bei Fach- und Hochschulabsolventen sind die Fachhochschule bzw. Universität mit Ortsangabe, die Studienfächer (gegebenenfalls Haupt- und Nebenfächer) und die Abschlüsse differenzierter darzustellen, eventuell ergänzt durch den Hinweis auf Studienschwerpunkte, bekannte Professoren und nicht selten das Thema der Abschlussarbeit, eventuell der Dissertation. Die Noten für diese Arbeiten können ebenso aufgeführt werden wie die Gesamtabschlussnote, sofern dies alles weniger als 5–6 Jahre zurückliegt. Liegt kein Hochschulabschluss vor, nennen Sie lediglich alle relevanten Daten bis auf den fehlenden Abschluss. Irgendwelche Ehrenerklärungen brauchen Sie auch hier nicht abzugeben. Der eilige Leser wird den fehlenden Abschluss vielleicht gar nicht bemerken. Die Berufsausbildung erfordert wenig an Information: Angaben zum Ausbildungsfach und -betrieb mit entsprechender Zeitangabe. Das Nennen der Abschlussnote ist eher unüblich.

Als Zeitangabe Monat und Jahr aufführen, wenn alles länger zurückliegt, reicht die Jahresangabe.

Berufstätigkeit

Diese Rubrik ist von zentraler Bedeutung für das Bild, das sich der Leser Ihrer Bewerbungsunterlagen von Ihnen und Ihrer beruflichen Kompetenz macht. Zeigen Sie an dieser Stelle, womit Sie glänzen können. Wenn ein gestandener Berufsvertreter, der beispielsweise fünf Jahre lang eine Maschinenfabrik erfolgreich als Geschäftsführer geleitet hat, in seinem Lebenslauf mit den einfachsten Diensten beginnt (vom 1.1.1980 – 31.12.1983: Feinblechner bei der Firma XY), vertut er eine Chance, den potenziellen Arbeitgeber zu beeindrucken.

Die aufgeführten Arbeitgeber können unterschiedlich ausführlich beschrieben werden, ebenso wie die Skizzierung der ausgeübten Position, inklusive der besonderen Aufgabenstellung und Verantwortlichkeit und der von Ihnen erzielten Erfolge. Die aktuelleren Daten sind wichtiger und erfordern mehr Informationen als die zeitlich deutlich weiter zurückliegenden. Orts- und Zeitangaben zumindest für die letzten fünf bis zehn Jahre verstehen sich von selbst.

Sie können auch unter dieser Rubrik die Berufsausbildung aufführen. Liegt diese noch nicht sehr lange zurück, kann man hier auf besondere Schwerpunkte verweisen, wenn es zur angestrebten neuen Position und Aufgabe irgendwie passt. Unsere Beispiele in diesem Buch vermitteln den Gestaltungsspielraum, der Ihnen zur Verfügung steht.

> **Zielgruppe:** Für alle Berufsvertreter wichtig.
> **Achtung:** Muss Ihr Kommunikationsziel unterstützen, sollte weder zu viel noch zu wenig enthalten.
>
>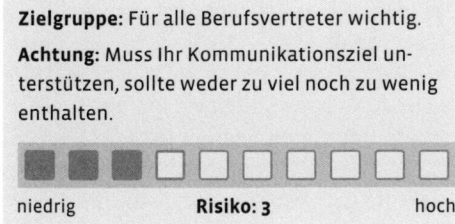
> niedrig   **Risiko: 3**   hoch

Berufliche bzw. außerberufliche Weiterbildung

Alle beruflichen und ergänzenden Maßnahmen, die Ihre Kenntnisse und Fähigkeiten unter beruflichem Aspekt vorangebracht haben, müssen hier genannt werden. Von klassischen Weiterbildungsmaßnahmen des Arbeitgebers bis hin zu privat initiierten Fortbildungsaktivitäten wie z. B. dem Erlernen der japanischen Sprache ist alles erlaubt, wenn es gefällt und passt. Manche Kandidaten führen an dieser Stelle (mangels Masse?) auch die Besuche von Fachtagungen und Messen auf. Hier sind Orts- und Zeitangaben nicht bis ins letzte Detail notwendig. Die einfache Jahreszahl ist häufig ausreichend.

> **Zielgruppe:** Nicht relevant für Azubis und evtl. Praktikanten; ab 150.000 € p. a. besser weglassen.
> **Achtung:** Muss gezielt Ihr Kommunikationsziel unterstützen, sollte weder zu viel noch zu wenig enthalten.
>
> niedrig   **Risiko: 4**   hoch

Besondere Kenntnisse

Diese Rubrik ist nicht zwingend notwendig. Sie bietet aber gute Möglichkeiten, auf bestimmte, für die aktuelle Bewerbung relevante Qualifikationen aufmerksam zu machen. Sprach- oder EDV-Kenntnisse, spezielle Zertifikate, vom Führerschein bis zur Ausbilderlizenz, haben hier – wie immer nach sorgfältiger Abwägung – ihren Platz.

> **Zielgruppe:** Wichtig für alle, Ausnahmen evtl. Geschäftsführerpositionen.
> **Achtung:** Nicht leichtfertig schwindeln, um sich interessant zu machen.
>
> niedrig   **Risiko: 3**   hoch

Kompetenz ist wichtig, Leistungsmotivation noch mehr, ganz entscheidend ist aber, ob man Ihnen vertraut. Wer Ihnen vertraut, traut Ihnen auch etwas zu. So sind Sympathie, Vertrauen und Zutrauen ganz wichtige „Geschwister" und die bedeutsamsten Weichensteller, ob es mit Ihrem beruflichen Werdegang wirklich bestens vorangeht oder eben nicht. **Hier geht es um die entscheidenden Persönlichkeitsträger.**

Ihr **Foto**, Ihre **Hobbys** und Ihre **Unterschrift** (immer mit vollem Namen) sind die idealen Merkmalsträger Ihrer Wesensart, Ihres Charakters, Ihrer Persönlichkeit.

Wo unterschreiben?
- Anschreiben (ein Muss)
- Lebenslauf (Standard, alternativ: Dritte Seite)
- Dritte Seite (optional)
- Deckblatt (optional, z. B. unter dem Foto)

Engagement/Hobbys/Interessen/Sonstiges

Solche Angaben sind alles andere als überflüssig! Mit den dort gemachten Angaben können Sie Sympathie gewinnen und wichtige Anknüpfungspunkte für das Vorstellungsgespräch schaffen. Ob ehrenamtlicher Schöffe oder Mitarbeiter der Telefonseelsorge, Sie werden mit derlei Auskünften über sich dazu beitragen, dass man sich ein Bild von Ihnen macht. Achten Sie dabei auf die Auswahl und überlegen Sie, ob das Hobby zu Ihrem Alter und der von Ihnen angestrebten Position passt. Semiprofessionelles Webdesign wird anders aufgenommen werden als leidenschaftliches Windsurfen. Wenn es Ihnen durch die Auswahl Ihrer Hobbys gelingt, Ihr Gegenüber zum Mitschwingen zu bringen, hilft das, Tür und Tor zu öffnen. Auch das eine oder andere Auslandssemester kann an dieser Stelle vermerkt und vermarktet werden.

Aktives Musizieren, besondere Sportarten, begeistertes Kochen, Spezialreisen oder Reptilienzucht sind thematische Anknüpfungspunkte, die nicht ohne Wirkung bleiben. Aus unserer täglichen Beratungspraxis wissen wir um die damit erzielten positiven Effekte.

> **Zielgruppe:** Wichtig für alle, außer für absolute Top-Positionen.
>
> **Achtung:** Nicht leichtfertig schwindeln, um sich interessant zu machen.
>
> niedrig   **Risiko: 3–6**   hoch

Ort, Datum, Unterschrift

Sie können den Lebenslauf unterschreiben, alternativ aber auch auf der „Dritten Seite" (s. S. 72). Es empfiehlt sich jedoch hier, weil der Empfänger Ihre Unterschrift an dieser Stelle erwartet. Außerdem wird durch das Datum die Aktualität des „Dokuments" betont. Es steht Ihnen übrigens weitgehend frei, ob Sie Ort und Datum hand- oder lieber computer- bzw. maschinenschriftlich gestalten wollen.

Auch zu der Art und Weise, wie Sie unterschreiben, gibt es etwas zu sagen: Manche Kandidaten unterschreiben extrem unleserlich und riesengroß oder im Gegenteil viel zu klein oder gar in Druckbuchstaben. Das sollten Sie vermeiden. Nicht selten wird Ihre Unterschrift von der Auswahlkommission analysiert und dabei natürlich auch bewertet. Bemühen Sie sich also um eine relativ „normale", leserliche Unterschrift.

Benutzen Sie einen hochwertigen Stift, z. B. einen Füller (nicht: Kugelschreiber, Filzschreiber, Bleistift). Ob Sie in königsblauer Tinte oder in einer anderen Farbe „auftreten", kann diskutiert werden, aber die Fälle, in denen rote oder lila Tinte passt, sind doch eher selten!

> **Zielgruppe:** Egal für welche Position: ein echtes Muss.
>
> **Achtung:** Immer voll ausgeschriebener Vor- und Zuname, auf Leserlichkeit und Sauberkeit achten.
>
> niedrig   **Risiko: 4**   hoch

Lebenslaufvarianten: Gestaltungsmöglichkeiten des beruflichen Werdegangs

Grundsätzlich sind zwei Präsentationsformen zu unterscheiden, die tabellarische und die narrative, erzählerische, bei denen Sie „in ganzen Sätzen" Ihren beruflichen Werdegang zu Papier bringen. Diese ist absolut selten, um nicht zu sagen völlig out. Sollte es Ihnen aber gelingen, Ihren beruflichen Werdegang ausformuliert in ganzen Sätzen (narrativ) auf etwa einer Seite spannend und unterhaltsam vorzutragen, ist allein das schon sehr außergewöhnlich und findet sicher eine gewisse Beachtung.

Am häufigsten ist immer noch die tabellarische Variante, die sich an der Chronologie orientiert, aus der Vergangenheit bis hin zur Gegenwart (also von der Geburt, Schulbildung bis zur derzeitigen beruflichen Tätigkeit). Das ist die konservative, klassische Form. Sie können aber auch mit der Gegenwart beginnen und auf der Zeitachse zurückgehen, eine moderne Form, die sich immer größerer Beliebtheit erfreut und wirklich Sinn macht. Denn: Interessant ist doch, was Sie jetzt gerade machen, und nicht, was Sie vor 20 Jahren gemacht haben.

Drei weitere Varianten arbeiten mit Oberbegriffen. Sie gliedern Ihre Karriere nach Themenschwerpunkten und nicht nach zeitlicher Abfolge: die zielgerichtete, die funktionale und die kreative Form. Wir stellen sie Ihnen unter *www.berufsstrategie-plus.de* im Einzelnen genauer vor.

Zielgruppe: Eher jüngere Bewerber bis etwa 20 oder ältere ab etwa 55 Jahren in allen Branchen zwischen 10.000–25.000 und über 200.000 € p. a.

Achtung: Überlegen Sie sich, was zu Ihnen und Ihrem Empfänger passt.

niedrig   **Risiko: 5**   hoch

Hilfe bei Lücken und Problemen im Lebenslauf

Wer kennt das nicht: Man bringt mühsam seine Daten und Stationen zu Papier, und dann entdeckt man Zeiten, in der man ohne Beschäftigung war – und man entwickelt ein schlechtes Gewissen, weil eine lückenlose Darstellung nicht möglich scheint ...

Lücken ...

... sind Zeiten, in denen der Bewerber keine berufliche Tätigkeit nachweisen kann. Von einer kleineren Lücke spricht man ab ca. drei Monaten, ab etwa sechs Monaten von einer größeren.

Aber: Lücke ist nicht gleich Lücke. Nicht jede Auszeit hat einen negativen Beigeschmack und braucht deshalb auch nicht kommentarlos übergangen zu werden, wie z. B. Erziehungs- und Pflegezeiten oder Weltreisen. Selbstverständlich kann eine private Auszeit zur beruflichen Orientierung Erwähnung finden. Längere „Lücken", wie mehrere Jahre in der Bundeswehr, können sogar sehr positiv wirken.

Lebenslauf:
Was die Chronologie der Tätigkeiten angeht, hat es sich als besonders vorteilhaft erwiesen, die amerikanische Vorgehensweise zu übernehmen. Sie starten mit der aktuell ausgeübten Tätigkeit und Position und gehen erst dann weiter in die Vergangenheit zurück.

www.

Personalchef, Jurist, 45, mittelständisches Unternehmen mit etwa 350 Mitarbeitern:
„Das sehe ich doch sofort, ob sich ein Bewerber mit seinen Unterlagen Mühe gegeben hat oder, wie leider so oft, die Unterlagen recht lieblos zusammengestellt, die Texte gestoppelt und gequält sind. Wenn ich den Eindruck gewinne, jemand hat sich bemüht, bin ich schon offener, interessierter. Das passiert leider nur selten und macht meine Arbeit schwer ..."

Bestimmte Zeitabschnitte im Berufsleben gehen niemanden etwas an. Es sind genau die Themen, nach denen im Bewerbungsgespräch nicht gefragt werden darf, u. a. Krankheiten (auch Suchterkrankungen), Schwangerschaft, Freistellung wegen Betriebsratstätigkeit und Freiheitsstrafen. Ihre Erklärungen sollten überzeugen und möglichst nicht widerlegbar sein. Die einfachsten Lösungen zur Verdeckung von Lücken sind: Zeitspannen mit Jahreszahlen angeben oder mehrere Zeitabschnitte unter einer Überschrift zusammenfassen (so lässt sich der chronologische Ablauf schwerer nachvollziehen und die einzelnen Kategorien bilden ein Erklärungsmuster).

Probleme
Der Bewerber hat zwar mehr oder weniger durchgehend gearbeitet, sein beruflicher Werdegang weckt beim Leser aber nachteilige Assoziationen: z. B. häufiges Wechseln des Arbeitsplatzes. Bei Problemen, die Personaler aus Ihrem Lebenslauf ableiten, liegt die Bewertung wie so oft im „Auge des Beurteilers". Dieser mag beispielsweise die Verweildauer an einem Arbeitsplatz auffällig kurz oder gerade noch akzeptabel finden, den Weggang von einem Unternehmen als eine arbeitgeberseitige Kündigung interpretieren oder nicht, den „roten Faden" erkennen können oder alles als unzusammenhängend und eher zufällig als geplant verstehen. Das Entscheidende bleibt: Gibt es Anlässe, die Ihnen als Problem ausgelegt werden können, bereiten Sie sich vor und überlegen Sie, wie Sie die Argumente der Gegenseite entkräften oder wenigstens mildern können.

Generell gesagt: Personaler wünschen sich einen lückenlosen Nachweis Ihrer Berufstätigkeit, die problemlos verlaufen sein sollte. Dieser Darstellung sollte ein stetiger Aufstieg, d. h. eine Zunahme des Verantwortungsbereichs mit gelegentlichem Wechsel des Arbeitgebers zu entnehmen sein. Zu häufiges Wechseln, insbesondere bei reiferen (älteren) Bewerbern, wirkt ebenso verdächtig wie zu langes Verharren in der gleichen Position beim gleichen Arbeitgeber. Auch ein sehr langes Studium, ein Abbruch oder ein Wechsel der Ausrichtung senken Ihre Einstellungschancen.

In vielen Fällen haben Bewerber sowohl Lücken als auch Probleme in ihren schriftlichen Unterlagen, was eine besondere Bearbeitung aller Daten und deren Darstellung noch dringender macht. Versuchen Sie daher, eine schlüssige Bewerbung und einen überzeugenden beruflichen Werdegang abzuliefern.

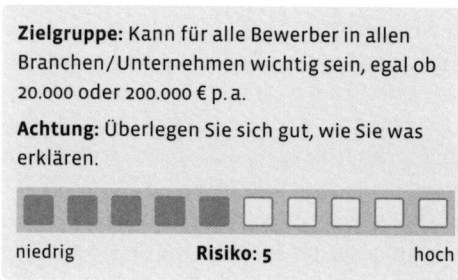

Zielgruppe: Kann für alle Bewerber in allen Branchen/Unternehmen wichtig sein, egal ob 20.000 oder 200.000 € p. a.

Achtung: Überlegen Sie sich gut, wie Sie was erklären.

niedrig — Risiko: 5 — hoch

Das Foto

Ihr Foto ist eine der wichtigsten Komponenten in Ihren Bewerbungsunterlagen. Wer mit seinem Foto schon zu Beginn des Auswahlverfahrens Sympathie mobilisieren kann, hat einfach die besseren Chancen. Deswegen ist an dieser Stelle höchste Sorgfalt, ein gewisses Engagement und ein besonderes Einfühlungsvermögen gefragt, was die eigene Persönlichkeit und die Erwartungen Ihres Gegenübers anbetrifft.

Der Personalchef wird als Erstes einen Blick auf Ihr Foto werfen und sich in Sekundenschnelle ein Urteil bilden: Was für einen Eindruck macht dieser Mensch? Wirkt er/sie sympathisch oder unsympathisch? Mürrisch oder freundlich? Zugewandt oder verschlossen? Und hat der Bewerber ein professionelles, gut gemachtes Foto eingeschickt, das auch ein Bild von seinem Selbstwertgefühl und der Ernsthaftigkeit seines Anliegens vermittelt? Mit diesem Eindruck im Hinterkopf beginnt der Empfänger, Ihre Bewerbung durchzublättern.

Bildproduktion

Gehen Sie zu einem professionellen Fotografen, alles andere (Privatfotos, Automatenbilder) ist in der Regel indiskutabel. Besprechen Sie mit ihm, wofür Sie die Fotos brauchen und wie Sie „rüberkommen" wollen. Das ist eine Investition, die sich lohnt.

Lassen Sie eine größere Auswahl an Fotos anfertigen und legen Sie diese dann (wohlmeinenden) Freunden zur Beurteilung vor, um gemeinsam das beste auszuwählen.

Wir empfehlen: Suchen Sie für den Fototermin einen Tag aus, an dem es Ihnen gut geht. Lächeln Sie ein wenig, machen Sie ein freundliches Gesicht. Denken Sie an eine große Liebe oder an Ihren Urlaub …

Format

Ein winziges Foto legt die Deutung nahe, dass Sie sich nicht wichtig genug nehmen. Umgekehrt spricht ein Postkartenporträt Bände über Ihre Eitelkeit. Ein guter Mittelweg: etwa 6 mal 4,5 Zentimeter. Testen Sie auch einmal ein ungewöhnliches Querformat. Unsere Beispiele (ab S. 24) zeigen interessante Formate und auch attraktive Bildausschnitte. Der Kopf, das Gesicht, darf ein wenig angeschnitten sein, weil es so viel spannender (dynamischer) wirkt. Relativ neu ist eine Art Triptychon, eine Aneinanderreihung von (Porträt-)Fotos, wie Sie es im Beispiel auf S. 25 sehen.

Übrigens: Exzellente Kopien, eingescannte oder (noch besser) digitale Fotos sind heute voll akzeptiert.

„Ein Bild sagt mehr als tausend Worte."
Ihr Foto wird interpretiert. Seien Sie selbstkritisch und anspruchsvoll. Mit Ihrem Foto erreichen Sie mehr als mit Ihren Arbeitszeugnissen!

Foto 1: Ein sehr außergewöhnliches Format, ein heller, fast weißer Hintergrund und ein leicht angeschnittener Kopf lösen sofort Interesse aus, machen dieses Bild zum Hingucker und transportieren viel Sympathie.

Foto 2: Eher der Klassiker, aber wegen der Helligkeit allein auf dem Gesicht – verstärkt durch das weiße Hemd – schon sehr auffällig.

Foto 3: Und hier haben wir ein besonderes, quadratisches Format mit angeschnittenem Kopf wie bei fast allen anderen Fotos. Mit dem Hintergrund und der Zeitschrift als Requisite sehr außergewöhnlich!

Foto 4: Ganz starke Zentrierung auf das Gesicht, klassisches Format, aber starker Anschnitt machen das Foto sehr wirkungsvoll, weil man sich auch direkt angeschaut fühlt!

Foto 5: Quadratisch mit deutlicher Konzentration auf dem Gesicht, gut ausgefüllt mit leichtem Anschnitt. Das Foto wirkt!!

Foto 6: Interessantes Format, gut ausgefüllt, leicht angeschnitten, ein deutlicher Hingucker. Darauf verweilt das Auge länger ...

BESONDERE BEWERBUNGSUNTERLAGEN

Foto 7

Foto 7: Das ist sicherlich nicht geeignet für gestandene Führungskräfte, sondern eher für etwas jüngere Kandidaten. Probieren Sie es aus, verhandeln Sie mit Ihrem Fotografen und befragen Sie Ihre persönlichen Berater. (Fototriptychon)

Farbe

Wir empfehlen ein Schwarz-Weiß-Foto, da es Sie sowohl zurückhaltender als auch interessanter erscheinen lässt und dem Betrachter mehr Interpretationsmöglichkeiten bei der Beurteilung Ihres Gesichtes gibt. Falls Sie dennoch ein Farbfoto vorziehen, wählen Sie dezente Kleidung und – für die Damen – sparsames Make-up.

Kleidung

Von einem leger-offenen Hemdkragen ist ebenso abzuraten wie von einem tiefen Einblick in weibliche Reize. Wählen Sie die Kleidung, die dem von Ihnen angestrebten Berufsstand angemessen ist. Die Haare sollten gepflegt sein und auf keinen Fall die Augen verdecken – Sie haben doch nichts zu verbergen.

Posen

Statt der ganz typischen „Kopf und Kragen"-Fotos (wie beim Passfoto) bietet sich die Möglichkeit an, Arme, Hände und Oberkörper mit aufs Bild zu bringen, sich z. B. auch in einer Arbeits- oder Gesprächssituation ablichten zu lassen. Wenn Sie Anregungen suchen, schauen Sie doch einmal in entsprechende Medien wie *managermagazin* oder *Capital* oder studieren Sie PR-Unterlagen von Unternehmen aus Ihrer Branche.

Anlagen
Machen Sie von einer Anlagenübersicht Gebrauch.

Neben der Präsentation (von „neu" nach „alt" sortieren) von Arbeits-, Weiterbildungs- und Ausbildungszeugnissen in jeweils getrennten Abschnitten können Sie durch zusätzliche Infoseiten berichten über:
- Ihre beruflichen **Schwerpunkte**
- Ihre besonderen **Erfolge**
- Ihre **Analysen** und **Einschätzungen** zu Themen, die ihren Empfänger interessieren dürften.

Das Foto im AGG

Im August 2006 ist das AGG (Allgemeines Gleichbehandlungsgesetz) in Kraft getreten. Bei dieser Initiative handelt es sich um eine ursprünglich sehr gute Idee, welche bestimmte Diskriminierungen ausschließen sollte. Was die aktuelle Bewerbungspraxis betrifft, sorgt es jedoch leider für mehr Kompliziertheit und Verunsicherung bis hin zu Rechtskämpfen. Fakt ist: Es dürfen keine Fotos mehr von der Jobanbieterseite verlangt werden, diese Aufforderung darf in keiner Stellenausschreibung auftauchen. Es steht aber natürlich jedem Bewerber/jeder Bewerberin frei, von sich aus der Bewerbung ein Foto beizufügen. Also nutzen Sie diese zusätzliche Möglichkeit!

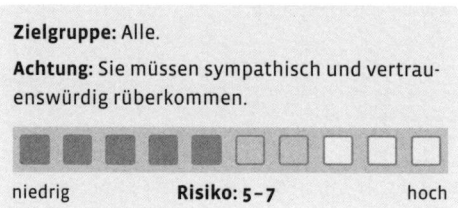

Zielgruppe: Alle.
Achtung: Sie müssen sympathisch und vertrauenswürdig rüberkommen.

niedrig　　**Risiko: 5–7**　　hoch

Die Anlagen

Das Wort „Anlagen" suggeriert, es könnte sich um eine Art nebensächliches Anhängsel handeln. Doch Sie sollten die Bedeutung dieser Papiere nicht unterschätzen. Zu den Anlagen gehören Fotokopien von Ausbildungsabschlüssen, Fortbildungszertifikaten und den Arbeitszeugnissen. Wenn Sie nur drei Papiere dieser Art beizulegen haben, ist ein Übersichts-Anlagenverzeichnis nicht so sinnvoll.

Da es aber häufig um zehn bis zwanzig unterschiedliche Dokumente geht, ist es sehr lesefreundlich, wenn Sie einen Überblick in Form eines Anlagenverzeichnisses geben. Mehr dazu ab S. 70.

In den Anlagen ist auch ein guter Platz für Ihr **Profil** (s. S. 68) oder eine **Erklärungsseite**, warum Sie z. B. zwischen 1999 und 2001 dreimal den Arbeitsplatz gewechselt haben, nach Australien ausgewandert und wieder zurückgekommen sind, Ihr Arbeitszeugnis bei Müller & Sohn so schlecht ausgefallen ist usw. Nutzen Sie diese Chance der Gestaltungsfreiheit!

Arbeitszeugnisse

Sie gehören zu den wichtigsten Anlagen und sollten daher an erster Stelle stehen. Um ihre besondere Bedeutung hervorzuheben, könnten Sie diese Unterlagen auf ein andersfarbiges Papier als Ihre anderen Seiten drucken oder kopieren. Das fällt auf und bringt den Empfänger viel eher dazu, sich mit Ihren Zeugnissen zu beschäftigen. Voraussetzung: Sie haben wirklich (sehr) gute Arbeitszeugnisse vorzuweisen. Relevant sind die beiden letzten Zeugnisse bzw. diejenigen, welche die letzten zehn Jahre dokumentieren.

Nun hat es sich herumgesprochen, dass Arbeitszeugnisse die Leistung des Arbeitnehmers in einer Art Geheimsprache zu beurteilen versuchen. Jedoch kennt nicht jeder Chef (z. B. in einem kleinen Unternehmen) die entsprechenden Formulierungen dieser Geheimsprache, und so kann er Zeugnistexte auch nicht immer richtig interpretieren. Natürlich weiß dieser unbedarfte Chef, wenn er selbst ein

Zeugnis ausstellen muss, nicht, was er damit möglicherweise (ungewollt) dem nächsten Arbeitgeber über den Bewerber mitteilt. Wenn Sie sich nicht sicher sind, was „wirklich" in Ihrem Zeugnis steht, wenden Sie sich an entsprechende Experten.

Schul- und Ausbildungszeugnisse

Seien Sie zurückhaltend mit Schulabschlusszeugnissen oder Zeugnissen der berufsorientierten Basisausbildung (Lehre), es sei denn, Sie sind noch sehr jung. Es wirkt eher lächerlich, wenn ein 50-jähriger Kandidat den Bewerbungsunterlagen sein Abiturzeugnis beilegt. Diplom- oder andere Abschlusszeugnisse könnten, wenn sie nicht gerade älter als 10, 15 Jahre sind, schon sinnvoll sein. Generell gilt: immer den höchsten Ausbildungsabschluss in die Anlage, also bei Studium kein Abizeugnis, bei Abitur keins der mittleren Reife usw.

Andere Anlagen

Zertifikate von privaten Einrichtungen oder Kursen sind nur dann sinnvoll, wenn Sie inhaltlich etwas mit der entsprechenden Bewerbung zu tun haben. Bescheinigungen über Volkshochschulkurse können Sie beifügen, wenn diese speziell Ihrer beruflichen Weiterbildung gedient haben.

Neben jeder Art von Zeugnis dürfen Sie beispielsweise Referenzadressen (s. S. 77), eigene Erklärungen, eine Auflistung, welche weiteren Papiere Sie noch vorlegen könnten, Arbeitsproben oder Zusammenfassungen von Projekten den Anlagen hinzufügen.

Zielgruppe: Fast alle, außer Top-Positionen mit über 150.000 € p. a.

Achtung: Nicht übertreiben und jedes Stückchen Papier (womöglich auch noch amtlich beglaubigt) beilegen.

niedrig   **Risiko: 4–7**   hoch

Das Anschreiben

Erst wenn alle anderen Unterlagen fertig sind, sollten Sie sich dem Anschreiben zuwenden. Sehen Sie es als eine Art ideale Bühne, um sich selbst, Ihre Persönlichkeit, Ihre hohe Leistungsmotivation und speziellen Fähigkeiten besonders zu inszenieren, vor allem aber eine Kurzzusammenfassung zu geben, was mit dem beruflichen Werdegang zum Ausdruck gebracht werden soll (s. S. 32, Der rote Faden).

Umfang

Mit Rücksicht auf die gestresste Arbeitgeberpsyche gilt die goldene Regel: In der Kürze liegt die Würze. Am besten ist ein Anschreiben von einer Seite (optimal: nicht mehr als sechs, acht maximal zwölf, vierzehn Sätze). Vertretbar sind in wenigen Ausnahmefällen maximal eineinhalb Seiten, wenn Sie wirklich etwas ganz ungewöhnlich Wichtiges zu kommunizieren haben. Damit fallen Sie schon sehr aus dem Rahmen.

Was das Anschreiben enthält:
- Briefkopf
- Empfängeradresse (personalisiert)
- Ort und Datum
- Betreff (bis zu 3 Zeilen)
- Anrede (personalisiert)
- Brieftext (Auftakt, Hauptteil, Schluss)
- Grußformel
- Unterschrift (Vor- und Zuname, keine maschinenschriftliche Wiederholung)
- PS (optional)
- Hinweis auf Anlagen

Aber Achtung:
Das Anschreiben wird in seiner Bedeutung überschätzt. Die entscheidenden Weichensteller Kompetenz, Leistungsmotivation und Persönlichkeit sollten Sie auch hier transportieren. Nur: Ausschlaggebend ist Ihr beruflicher Werdegang, insbesondere die aktuelle (letzte) Position, die Sie innehaben.

Einstieg

Neben der sorgfältigen Briefkopfgestaltung, der korrekten Empfängeradresse, Ort und Datum ist es die Betreffzeile, die eine besondere Gestaltungsherausforderung darstellt. Sowohl der formulierte Betreff als auch ein (optionales) PS am Ende werden sehr aufmerksam zur Kenntnis genommen. Das ist Ihre Chance. Wem es hier gelingt, mit etwas mehr Einfallsreichtum Aufmerksamkeit zu binden, sammelt Pluspunkte (s. a. S. 80). Die Betreffzeile kommt übrigens ohne die früher übliche Abkürzung „Betr.:" aus, Sie beginnen stattdessen sofort mit Ihrem eigenen wohlüberlegten Satz.

Anrede

„Sehr geehrte Damen und Herren" – diese Formel kann schon einen groben Fehler darstellen. Personalisieren Sie die Anrede, finden Sie im Vorfeld heraus, wie der Entscheider heißt. Im Zweifel schreiben Sie namentlich an den Inhaber (Institutsleiter, Vorsitzenden) und gleich darunter an die „sehr geehrten Damen und Herren".

Auftakt

Jeder Journalist muss seine Leser mit dem ersten Satz neugierig machen, fesseln und zum Weiterlesen „verführen". Denn Leser sind ungeduldig. Genau dasselbe gilt auch für Chefs. Deshalb sollten Sie den Einstieg zu Ihrer Bewerbung so gestalten, dass Ihr Arbeitgeber „dranbleiben" will. „Hiermit bewerbe ich mich um ..." oder „Ich beziehe mich auf Ihre Anzeige ..." sind stereotype und sehr langweilige Einstiege. Als Richtlinie für den Anfang gilt: Spannung erzeugen – Interesse wecken – Freundlichkeit vermitteln.

Hauptteil

Hier gilt es, in kurzer und prägnanter Form darzustellen, warum Sie sich bewerben und weshalb gerade Sie der richtige, geradezu ideale Bewerber sind. Vermitteln Sie, genau ins Anforderungsprofil der Firma zu passen und was Sie Besonderes zu bieten haben. Über welche Qualifikationen und Qualitäten verfügen Sie, die z. B. den im Anzeigentext genannten Anforderungen entsprechen? Garantiert falsch: 08/15-Anschreiben, die verschickt werden wie eine Massensendung.

Beantworten Sie ebenso klar wie knapp folgende Fragen: Warum bewerben Sie sich, wo stehen Sie jetzt, was ist Ihr Beitrag zum Erfolg des Unternehmens, und was sind Ihre Ziele?

Schluss

Verwenden Sie keine Plattheiten, sondern setzen Sie einen freundlich-verbindlichen Schlusspunkt. Der letzte Satz klingt immer noch ein paar Momente im Gedächtnis nach. Beenden Sie Ihren Brief mit der Bitte um ein Vorstellungsgespräch, der Grußformel, Ihrer Unterschrift, dem Hinweis auf die Anlagen und eventuell einem PS.

Die Chance

Bei Ihrem Anschreiben bieten sich verschiedene kreative Gestaltungsmomente an. Angefangen beim Briefkopf-Design über die Betreffzeile bis hin zur Verabschiedung, einem PS und den Anlagen haben Sie einen großen Gestaltungsspielraum. Sie können z. B. nur das Anschreiben per Hand schreiben (Voraussetzung: gut leserliche Handschrift und ein relativ kurzer Text), bereits hier ein Foto platzieren oder durch die sogenannte Wasserzeichentechnik ein Hintergrundbild auf Ihr Anschreibenpapier bringen. Das Anschreiben ist ideal, um sich deutlich abzuheben, „unvergesslich" zu machen. Es besteht aber die Gefahr, dass die Aufmachung weder zu Ihnen noch zum Empfänger passt, wenn Sie es übertreiben.

Übrigens: Bewerbungsprofis entwickeln drei alternative Anschreiben, um diese einer selbst gewählten „Prüfungskommission" vorzulegen. Durch Tipps und kritische Anregungen von anderen lässt sich das Bewerbungsanschreiben oftmals wesentlich verbessern und so von Mal zu Mal überzeugender gestalten.

Kreative Gestaltungsmöglichkeiten für Ihr Anschreiben

- Per Hand (bitte nur bei einigermaßen leserlicher Handschrift, auf gutes Schreibwerkzeug achten, ggf. auch die Farbe der Schrift berücksichtigen)
- Format (Änderung, s. a. S. 54; Sie können auch nur eine Art Visitenkarte oder Postkarte als Anschreiben nutzen)
- Briefkopf, Absender (Platzierung und Gestaltung)
- Foto (plus evtl. ein zusätzliches auf der Lebenslaufseite)
- Betreffzeile (Inhalt und Gestaltung)
- Anrede (auch handgeschrieben möglich)
- Inhalt (Länge und Positionierung)
- Unterstreichungen, Fettungen, Kursiv-Setzungen oder Farbmarkierungen (s. a. S. 50)
- Papierhintergrund (Grafik, Bild, s. a. S. 52)
- Abschlussformel (mit Grüßen aus ... oder von ... nach ...)
- Unterschrift immer mit Vor- und Zuname, auf Lesbarkeit und gutes Schreibwerkzeug achten
- PS (Hinweis, interessanter Eyecatcher, s. a. S. 80)
- Anlage-Auflistung (dito wie PS)

Zielgruppe: Alle.
Achtung: Muss zu Ihnen und der Empfängergruppe passen; bitte nicht gequält, langweilig oder zu viel.

niedrig **Risiko: 7–9** hoch

Das Wichtigste gehört auch ins Anschreiben. Sie dürfen aber nicht davon ausgehen, dass der Empfänger im Anschreiben liest, dass Sie den Friedensnobelpreis überreicht bekommen haben, und im Lebenslauf lassen Sie dieses wichtige Ereignis einfach weg! Das wäre ein nicht kalkulierbares Risiko!

Was ist wichtig?

Der Anzeigentext spart nicht an Superlativen. Dem kritischen Leser drängt sich diese stark narzisstisch geprägte Businessorientierung deutlich auf: „Mit uns zum Ziel ... um jeden Preis Expansion ..."
Hier sucht man Macher/-innen, die erfolgsorientiert etwas voranbringen wollen, „auf dem heißesten Markt der Welt". Kampfstimmung und doch Ausstrahlung, Durchsetzungsvermögen, Optimismus sind gefragt und Praxiserfahrung Bedingung. Ein Profi mit Repräsentationspotenzial – und das sieht man ja schon an den Bewerbungsunterlagen – hätte eine gute Chance. Für eine telefonische oder E-Mail-Kontaktaufnahme gibt es die nötigen Infos.

Die Dot Internet Service AG

Als einer der größten Dienstleister im weltweiten IT-Bereich (in über 50 Ländern mit insgesamt 200 Niederlassungen) stehen wir für absolute Kompetenz und Stärke. Unser international agierendes Mutterunternehmen will Expansion um jeden Preis. Deshalb suchen wir Sie als

Marketing-Manager/-in mit Vertriebserfahrung

und unternehmerischer Durchsetzungskraft.

Als pragmatisch, aber analytisch denkender Stratege/denkende Strategin als Spezialist/-in in Sachen Assets & Powersale haben Sie positiv überzeugende Ausstrahlungskraft und kommunizieren erfolgreich unsere Konzepte, die Sie später auch beim Kunden effizient in die Praxis implantieren.

Neben exzellenten Englischkenntnissen besitzen Sie einen typischen Hochschulabschluss, Erfahrungen und Persönlichkeit, die Sie für diese herausragende Aufgabe qualifizieren.

Mit uns zum Ziel der Marktführerschaft auf dem heißesten Markt der Welt.

Wir freuen uns auf Ihre uns überzeugenden Unterlagen mit Gehaltswunsch und Eintrittstermin.

Die Dot Internet Service AG
Human Resources
Frau Steffanie Stoss
Hamburger Allee 11–15
D-20022 Hamburg
Tel.: 040 123 45 67
E-Mail: job@dotitservice.com

Unsere Bewerberin

Sandra Sonnenberger ist Kommunikationswirtin und verfügt über eine fünfjährige Berufserfahrung in der Marketing- und Vertriebsabteilung eines großen Dienstleisters (Berufsbekleidung). Sie hat ein Jahr in der Londoner Zentrale gearbeitet und sich durch verschiedene Seminarprogramme (Führung, Zeitmanagement, Verhandlungstechniken) weitergebildet. Ihre Kündigungsfrist beträgt drei Monate zum Quartalsende und ihr aktuelles Gehalt liegt bei 85.000 € p. a. (per anno, also Jahresbruttogehalt).

BESONDERE BEWERBUNGSUNTERLAGEN

Sandra Sonnenberger
Kommunikationswirtin
Wilmersdorfer Str. 104
81240 München
Tel.: 089-55 34 213
E-Mail: sa.so@t-online.de

S. Sonnenberger • Wilmersdorfer Str.104 • 81240 München
Dot Internet Service AG
Human Resources
Frau Steffanie Stoss
Hamburger Allee 11–15
D-20022 Hamburg

20. Januar 2013

Ihr Inserat in der Süddeutschen Zeitung vom 15. Oktober 2007
„Marketing-Managerin mit Vertriebserfahrung"

Sehr geehrte Frau Stoss,

unser Telefonat hat mich nur noch weiter darin bestärkt, Ihnen meine Bewerbungsunterlagen zu schicken. Vielen Dank für die Zeit, die Sie sich für mich genommen haben.

Hier nochmals kurz meine beruflichen und persönlichen Daten: Ich bin 33 Jahre alt, Kommunikationswirtin, verfüge über 5 Jahre Berufserfahrung, die letzten beiden Jahre als stellvertretende Marketing- und Vertriebsleiterin für ein großes Mietservice-Unternehmen in der Arbeitsbekleidungsbranche.

Im Rahmen meiner beruflichen Entwicklung suche ich eine neue Herausforderung, in die ich meine fundierten Marketingkenntnisse (Direktverkauf) und mein Vertriebstalent (Organisation und Logistik) voll einbringen kann. Aufgrund meiner bisherigen Leistungen wurde ich in den letzten Jahren durch besondere Schulungen und einen einjährigen Auslandsaufenthalt (Londoner Zentrale) gefördert und belohnt. Ich liebe die Herausforderung und habe mehrfach unter Beweis gestellt, außergewöhnliche Umsatz- und Gewinnsteigerungen realisieren zu können.

Da ich ortsungebunden bin und Hamburg sehr mag, könnte ich mir einen Start ab dem 1. Mai 2013 (eventuell auch etwas früher) gut vorstellen. Meine Gehaltsvorstellungen liegen bei etwa 90–100000 Euro p.a.

In einem persönlichen Gespräch würde ich Sie gerne von meinen Potenzialen überzeugen und freue mich auf Ihre Antwort.

Mit freundlichen Grüßen aus München

Sandra Sonnenberger

PS: Unter **www.sandra-sonnenberger.de** finden Sie weitere Informationen über mich.

Anlagen

Unser Kommentar

Besonderheit: Starke Wirkung durch das Foto. Eine positive Überraschung!

Formales: Alles wirkt gut gegliedert und optisch angenehm. Man weiß sofort, mit wem man es beruflich zu tun hat. Der Absender ist durch die Berufsangabe und die E-Mail-Adresse komplettiert.

Inhalt: Wirkt aufgeräumt. Hier wurde telefoniert und die Bewerberin bringt Verkaufsargumente. Der Hinweis auf die Ortsunabhängigkeit bei gleichzeitiger Sympathieerklärung für Hamburg ist gut gestaltet.

Zeilenführung: Sehr gut, unterstützt die Leseaufnahme.

Absätze: Gut strukturiert, Länge angenehm kurz.

Abschluss: Sympathisch und eine Stellungnahme zu den gewünschten Informationen (Gehalt, Start).

Gruß: Sympathisch.

PS: Geschickt und wirkungsvoll, macht neugierig, da wird man nachschauen!

Optisches: Insgesamt sehr angenehm, gute Absendergestaltung, Hingucker durch Foto, wichtige Stellen hier nur grau, im Original aber in Gelb gemarkert!

Fazit: Gute Chancen!

Der rote Faden

Wenn Sie von Ihren Fähigkeiten und persönlichen Qualitäten überzeugen wollen, ist es hilfreich, Ihrem potenziellen Auftraggeber zu verdeutlichen: Ihre berufliche Entwicklung ist kein Zufallsprodukt. Beeindruckend wäre ein Bild, das Sie als sich beruflich beständig weiterentwickelnden Arbeitnehmer zeigt, der genau über die Problemlösungskompetenz verfügt, die für die zu besetzende Position gebraucht wird. Sie gewinnen an Glaubwürdigkeit, wenn es gelingt, Ihren Werdegang so darzustellen, dass sich dem Empfänger ein gut nachvollziehbares Bild Ihres kontinuierlichen Kompetenz- und Leistungszuwachses vermittelt. In diesem Zusammenhang wünscht sich dann ein kritischer Personalentscheider auch gleich noch so etwas wie eine lückenlose Darstellung Ihrer Arbeitsverhältnisse gepaart mit möglichst konkret benannten Erfolgen, die auf Ihre engagierte Mitwirkung zurückzuführen sind.

www.

Wie ist das zu erreichen? Von besonderer Wichtigkeit ist hier die gedankliche Vorarbeit. Wie gelingt es Ihnen, Ihren Werdegang so darzustellen, dass sich daraus eine Art roter Faden ergibt, der Ihr Kommunikationsziel, Ihre Botschaften und daran angelehnten Argumente optimal herausstellt? Zugegeben, dieses Vorhaben ist nicht ganz einfach. Aber Sie sollten zumindest eine genaue Vorstellung haben, was das Kommunikationsziel sein soll, mit welchen Botschaften (nennen wir es auch Aussagen) Sie es kommunizieren (vermitteln!) wollen und welche Argumente (Geschichten aus der Arbeitswelt) dies unterfüttern. Dass dabei Ihr USP (Unique Selling Proposition oder Alleinstellungsmerkmal, das was Sie von anderen Berufsvertretern positiv unterscheidet) auch gleich auf den Punkt zu bringen ist, ist dann ein nächster Schritt. Unter *www.berufsstrategie-plus.de* können Sie sich ein Beispiel hierzu ansehen.

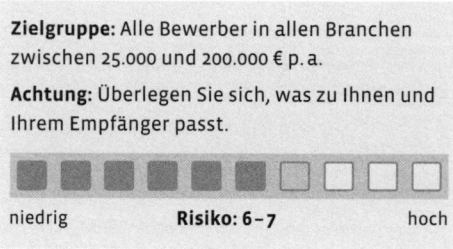

Zielgruppe: Alle Bewerber in allen Branchen zwischen 25.000 und 200.000 € p. a.

Achtung: Überlegen Sie sich, was zu Ihnen und Ihrem Empfänger passt.

niedrig   **Risiko: 6–7**   hoch

Besondere Bewerbungswege

Neben der klassischen schriftlichen Bewerbung (inkl. der E-Variante, die vor allem eine andere Versandart beinhaltet) als Reaktion auf eine Stellenanzeige (egal ob im Internet oder Stellenmarkt einer Zeitung) gibt es die Möglichkeit, sich eigeninitiativ bei einem Unternehmen zu bewerben und/oder besondere Formen der Bewerbungsunterlagen zu wählen – als Kurzbewerbung, Flyer oder mit einer Profilcard. Eine weitere aktive Form der Bewerbung ist das Schalten einer Stellengesuchsanzeige.

Die Initiativbewerbung

Bewerben Sie sich unaufgefordert, „eigeninitiativ" und zeigen Sie damit, dass Sie etwas bewegen, etwas Besonderes leisten wollen und können. Wenn Sie dies in Form und Aussage unkonventionell (Variante 3) oder in der Form unkonventionell, in der Aussage aber klassisch bis konservativ gestalten (Variante 2) oder aber der Form nach konservativ, inhaltlich aber unkonventionell vermitteln (Variante 1), erhöht das ganz ungemein Ihre Chancen.

Das entscheidende Kommunikationsziel bei der Initiativbewerbung ist die gekonnte Beantwortung der Fragen, was man Außergewöhnliches anzubieten hat und warum man sich gerade für dieses spezielle Unternehmen interessiert. Natürlich sind das Aspekte, die bei jeder Bewerbung eine wichtige Rolle spielen, bei einer Initiativbewerbung ist dies jedoch eine ganz besondere Herausforderung, denn es kommt darauf an, einen vielleicht noch gar nicht erkannten Bedarf zu wecken.

Und das bedeutet, sehr gute Werbung in eigener Sache zu machen. Hingewiesen sei an dieser Stelle auf die AIDA-Formel aus der Werbepsychologie. Bei einer Initiativbewerbung müssen Sie sich besonders sorgfältig vorbereiten und Ihre schriftlichen Argumente klug durchdenken. Ihre Bewerbung soll bei dem Personalentscheider den unbedingten Wunsch auslösen, Kontakt mit Ihnen aufzunehmen.

Recherche

Die Initiativbewerbung erfordert ein außergewöhnliches Marketing und Fingerspitzengefühl und zeigt im Erfolgsfalle Ihre ganz besondere Kompetenz auf verschiedenen berufsrelevanten Gebieten (Initiative, Leistungsmotivation, Persönlichkeit etc.). Am Anfang steht die Vorauswahl von Branche und potenziellen Arbeitgebern und die möglichst genaue Analyse, was wo gebraucht und gewünscht wird und wie Sie Ihr Angebot darauf ausrichten können. Telefonieren Sie vorab, um diese Informationen zu erhalten oder Ihre Bewerbung anzukündigen. Üben Sie das ge-

---

AIDA, das bedeutet:
Attention = Die Aufmerksamkeit des Personalverantwortlichen wird erregt.
Interest = Er interessiert sich für Ihr Angebot zur Mitarbeit.
Desire = Sein Wunsch, Sie kennenzulernen, wird geweckt.
Action = Er lädt Sie ein.

Nicht vergessen:
Nutzen Sie auch das Internet für die Vorrecherche (s. S. 112). Experten gehen davon aus, dass etwa 15 bis 20 Prozent aller Arbeitsplätze über eine Initiativbewerbung besetzt werden. Personalchefs interpretieren diese Form des Vorgehens als Hinweis auf eine besonders ausgeprägte Motivation und stark zielorientiertes, aktiv-dynamisches, erfolgsorientiertes Vorgehen.

Personalleiterin, 45, bei einem Tochterunternehmen eines internationalen Stromkonzerns, über 500 Beschäftigte:
„Meine Einschätzung: Übersichtlichkeit ist das oberste Gebot, besser kurz und knackig, aber vor allem ein gutes Foto. Insgesamt verständlich und stimmig. Ziel des Bewerbers sollte sein, seine Person, seine Qualifikation, Kompetenz und Persönlichkeit ‚bedienerfreundlich' zu vermitteln. Darunter verstehe ich:
In ganz kurzer Zeit muss der Leser in der Lage sein, alle wesentlichen Daten zu erfassen."

konnte Telefonieren, dann entgehen Sie der Gefahr, zu früh abgewimmelt zu werden (s. S. 154).

Chancen

Ihre Initiativbewerbung wird dann erfolgreich sein, wenn sie beim potenziellen Arbeitgeber auf einen gerade aktuellen Bedarf stößt, der sich genau mit Ihrem Arbeitsangebot deckt – ein Mitarbeiter fällt plötzlich aus, sei es infolge von Krankheit oder Kündigung, oder es entsteht ein personeller Mehrbedarf, bedingt durch einen Großauftrag usw. Die andere Möglichkeit: Es gelingt Ihnen, durch die geschickte Präsentation Ihrer Fähigkeiten einen latenten oder neuen Bedarf überhaupt erst zu wecken.

Klasse statt Masse

Natürlich muss gerade die Initiativbewerbung individuell auf einen speziellen Arbeitgeber zugeschnitten sein; keinesfalls darf der Empfänger das Gefühl haben, ein monotones Formschreiben vor sich zu haben, das leicht abgewandelt als Massensendung verschickt wurde – ein Vorgehen, das dann wirklich den Namen „Blindbewerbung" verdienen würde. Ergo: Nicht die Quantität, sondern die Qualität ist bei der Initiativbewerbung entscheidend.

Die sicherlich kürzeste Initiativbewerbung werden Sie noch kennenlernen: das eigene Stellengesuch (ab S. 47). Ein anschauliches, überzeugendes Beispiel für die Gestaltung einer ausführlichen Initiativbewerbung finden Sie ab S. 35. Noch einmal zur Verdeutlichung: Jedes Produkt in den Verkaufsregalen bewirbt sich bei Ihnen, dem Konsumenten, initiativ. „Nimm mich, kauf mich" lautet die Botschaft, die wir ständig sehen und hören (z. B. im Werbefernsehen). Ein Hinweis, der Ihnen den Gestaltungsspielraum für Ihr Initiativbewerbungsvorhaben verdeutlichen soll!

Zielgruppe: Prinzipiell für alle anwendbar; gerade für Führungspositionen in Großunternehmen sinken aber die Chancen.

Achtung: Auf ein klares, sehr konkretes „Verkaufsangebot" achten, kurz und prägnant formulieren.

■■■■□□□□□□

niedrig　　　**Risiko: 4**　　　hoch

BESONDERE BEWERBUNGSWEGE

katharina schneider

föhrenweg 38   68305 mannheim   0621 2579514

katharina schneider, föhrenweg 38, 68305 mannheim

Herrn
Dr. Markus Beckmann
Kaiser Marketing GmbH
Cäsariusstr. 89
53173 Bonn

Mannheim, 25. Februar 2013

Bewerbungsunterlagen

Sehr geehrter Herr Dr. Beckmann,

auf Empfehlung von Herrn Schulte wende ich mich direkt an Sie und überreiche Ihnen meine Bewerbungsunterlagen.

Aus persönlichen Gründen strebe ich eine Tätigkeit im Raum Bonn an.

Meine Arbeits- und Fähigkeitsschwerpunkte liegen auf den Gebieten EDV, Marketing und Organisation sowie Öffentlichkeitsarbeit.

Über die Gelegenheit zu einem persönlichen Gespräch würde ich mich sehr freuen.

Mit freundlichen Grüßen

(Unterschrift: Katharina Schneider)

Anlagen

Unser Kommentar

Anschreiben: Die Bewerberin bezieht sich auf eine persönliche Empfehlung, erläutert ihre Bewerbungsmotive und bringt kurz und knapp auf den Punkt, was sie anzubieten hat. Das ist ein gelungenes, prägnantes Anschreiben. Die außergewöhnliche Briefkopfgestaltung (Kleinschreibung) fällt durchaus positiv auf, ist aber sicherlich Geschmackssache. Das Anschreiben kann sich auf wenige Zeilen beschränken, wenn man weiß, was man vermitteln will, und die folgenden Unterlagen entsprechend aufbereitet sind.

Kleine Kritik: Das gesamte Anschreiben ist sehr minimalistisch. Eventuell hätte die Bewerberin in der Betreffzeile noch auf die Empfehlung hinweisen oder mit einer besonderen Grußformel bzw. PS-Zeile ein Highlight setzen können. Die zweite Info des Textes erklärt die Motivation für den Stellenwechsel (Umzugswünsche). Besser wäre es gewesen, die nachfolgende Info (Kompetenzschwerpunkte) hier zu nennen.

Deckblatt: Es übernimmt bereits Informationsfunktionen, die traditionell der Lebenslauf hätte. Auch auf dieser Seite wäre ein Foto denkbar.

Bitte beachten Sie: *Katharina Schneider, EDV-Fachfrau,* informiert uns hier direkt hinter ihrem Namen, was ihr berufliches Metier ist. Das wäre sicherlich auch schon in der Briefkopfzeile ganz oben im Anschreiben möglich und gut gewesen.

B e w e r b u n g s u n t e r l a g e n

**für Herrn Dr. Markus Beckmann
Kaiser Marketing GmbH**

von Katharina Schneider, EDV-Fachfrau
Föhrenweg 38, 68305 Mannheim
Tel.: 0621 2579514
E-Mail: k.schneider@gmx.de
www.katharina-schneider.de

geboren am 04. August 1969 in Zürich

schweizerische Staatsangehörigkeit
ledig, ortsunabhängig

Mannheim, 25. Februar 2013

Katharina Schneider, EDV-Fachfrau

Ich biete Ihnen ...
Problemlösungen in den Bereichen
EDV, Marketing und Organisation.
Mein Arbeitsstil ist geprägt durch
- schnelles Auffassungsvermögen
- einen geübten Blick für das Wesentliche
- ein hohes Maß an Selbstständigkeit und Eigenverantwortung
- die Fähigkeit, schnell innovative Lösungen zu finden.

Beruflicher Hintergrund

seit 11/2006	Telefonseelsorge Mannheim e.V. Spendenmarketing, Öffentlichkeitsarbeit und Organisation bei der Vorbereitung der Jubiläumsfeierlichkeiten; Aufrüstung der EDV-Anlage, Systemoptimierung und Schulung der Mitarbeiter
2005 – 2006	Fortbildung bei der Deutschen Kaufmännischen Akademie Schwerpunkte Marketing und EDV
2001 – 2003	Berufsbegleitende EDV-Weiterbildung an der FU Berlin
2001 – 2003	Sachbearbeiterin mit EDV-Systembetreuung beim Sanitätshaus Kroner Einführung und Optimierung der EDV
1999	Mitarbeit in der Abteilung Reha beim Sanitätshaus Kroner in Berlin
1999	Mitarbeit bei der Verlagsdruckerei Projekt 88 in Zürich Organisation, EDV, Grafik, Satz und Fotografie Leiterin der Bildredaktion bei der Zeitung „Nachricht" in Zürich
1996 – 1998	Geburt unserer Tochter Jenny und Unterbrechung der Berufstätigkeit für zwei Jahre
1992 – 1996	Sachbearbeiterin bei einer Aral-Raststätte in Zürich

Mit einer Datumszeile beginnt diese doch recht außergewöhnliche Selbstpräsentation. Keine langweilige Überschrift „Lebenslauf". Sehen Sie selbst, wie gut es auch ohne diese geht! Stattdessen wird ein klares Problemlösungsangebot mit einer interessanten Selbstbeschreibung kombiniert. Es wird am Ende der zweiten Seite nochmals erweitert. So lesen wir beide Profil-Formen (Angebot und Suche).

Konsequenterweise ist hier auf dieser ersten Seite die wichtigste berufliche Erfahrung abgehandelt. Erst auf den nächsten Seiten finden wir *Schul- und Weiterbildung* sowie *besondere Kenntnisse*.

Lebenslauf: Diese zwei Seiten sind in der Dramaturgie äußerst interessant gestaltet und übermitteln wichtige Informationen auf höchst angenehme Weise. Geburt der Tochter und Erziehungsurlaub sind gut platziert. Besser kann man einen Überblick über den eigenen Werdegang kombiniert mit wichtigen „Werbebotschaften" und konkreten Arbeitsangeboten kaum gestalten. Das Foto vermittelt, obwohl eher klassisch, den Eindruck, die Kandidatin spricht den Leser direkt an. Das schafft Sympathie und Interesse. Auch die Kopfzeile macht sich sehr gut. Ohne Zweifel: Diese Formulierung am Ende der zweiten Selbstdarstellungsseite „Beruflich ... bin ich flexibel und offen für" lässt den Leser sich noch etwas länger mit der Kandidatin beschäftigen. Übrigens sollten Sie stets mit blauer Tinte unterschreiben, was aus drucktechnischen Gründen hier nicht dargestellt werden kann.

Einschätzung: Ein sehr gelungenes Beispiel in Form eines überzeugenden Beweises für Eigeninitiative. Eine außergewöhnlich interessante Präsentationsform der eigenen „Werbebotschaft".

Mannheim, 25. Februar 2013

Schulbildung

1988 – 1990	Zugangsprüfung zur technischen Fachhochschule Abschluss (Abitur) als Industriekauffrau
1985 – 1988	Berufsbildende Fachoberschule Ausbildung zur technischen Zeichnerin
1975 – 1985	Grund- und Hauptschule in Zürich

Weiterbildung

2006	Deutsche Kaufmännische Akademie Berlin: „Kaufmännische Fachkraft mit Schwerpunkt Marketing, EDV, allgemeine Betriebswirtschaftslehre mit Finanzbuchhaltung" Abschlussnote 1,4
2003	Weiterbildung an der Freien Universität Berlin „EDV-Anwendung in der kaufmännischen Sachbearbeitung" Abschlussprüfung bei der IHK Berlin: Abschlussnote 1,25

Besondere Kenntnisse

EDV	umfassende Kenntnis der Betriebssysteme Windows 7 und XP LAN- und DFÜ-Netzwerk unter Windows 7 und XP alle gängigen Anwendungsprogramme: Word, Excel, Access, Outlook vertiefte Erfahrungen im Einsatz von Corel Draw bei der Herstellung von grafischen Erzeugnissen Adobe Photoshop, InDesign Programmierumgebung ++, Java Script
Fotografie	berufliche Erfahrungen bei der Zeitung und im Verlagswesen, Reportage und Illustration, mehrere Ausstellungen von digital verfremdeten Bildern
Sprachen	Englisch, Italienisch, Französisch, Spanisch
Hobbys	Computergrafik, Verfremdung von Bildern, Fraktalgrafik, Multimedia, Fotografieren und Bergwanderungen in den Alpen
Beruflich ...	**bin ich flexibel und offen für** • projektbezogene oder globale Aufgaben • Voll- oder Teilzeit-Beschäftigung • freie oder feste Mitarbeit

Mannheim, 25. Februar 2013   *Katharina Schneider*

Die Kurzbewerbung

Das entscheidende Merkmal dieser Bewerbung ist ihre Kürze; der Empfänger wird schnell über den Bewerber informiert und kann spontan entscheiden, ob er nun mehr sehen möchte. Eine Kurzbewerbung kann unterschiedlich umfangreich sein. Bei nur einer Seite wird man wohl am häufigsten eine Art Kombination von Anschreiben und den wichtigsten Lebenslaufdaten präsentieren. Häufiger werden zwei Seiten verwendet: eine, die das knappe Anschreiben transportiert, und eine zweite, welche die berufliche Entwicklung darstellt. Sehr selten werden dieser Kurzform weitere Anlagen beigelegt.

Besonderer Vorteil einer Kurzbewerbung ist die preisgünstige Herstellung und der Versand. Hier braucht es keine aufwändige Bindung, um die Unterlagen zusammenzuhalten, und der Versand ist mit einem üblichen C6-Umschlag portogünstig (58 Cent) durchzuführen. Auch auf den Rückversand durch den Empfänger kann in der Regel verzichtet werden.

Trotzdem sollte in jedem Fall ein Foto von Ihnen mit dabei sein. Ob dieses ein Originalfoto ist oder eingescannt wurde, spielt eher eine untergeordnete Rolle.

Gerade bei der Kurzbewerbung kommt es auf jedes Detail an, und das Verfassen kurzer, prägnanter Texte braucht oft etwas mehr Zeit. Bereiten Sie sich auf diese Bewerbung genauso gründlich vor wie auf die ausführliche Variante. Kurzbewerbungen eignen sich nur für eine bestimmte Bewerbergruppe – für Spitzenverdiener und spezielle Leistungsträger kommen sie eher nicht infrage.

Natürlich können Sie diese Form sowohl klassisch auf Papier als auch per E-Mail einsetzen. Hier bietet sich der Text sowohl in der Mail allein an als auch in Kombination mit einer angehängten Datei. Aber bitte besser nur eine Seite und besser nicht mehr als maximal eineinhalb bis zwei Seiten. Hier braucht es keine weiteren Anlagen wie Zeugnisse etc.

Zielgruppe: Prinzipiell für jeden bis etwa 40.000 € p.a. (u.a. Azubis, Hochschulabsolventen, Wiedereinsteiger).

Achtung: Muss wirklich kurz und knapp sein und nicht nachlässig formuliert.

niedrig　　　**Risiko: 6–8**　　　hoch

Die kürzeste Kurzbewerbung ist Ihre Visitenkarte, ein nicht zu teures Stellengesuch, gefolgt von der Profilcard, Ihrem Kurz-Profil einem Flyer und einer klassischen Kurzbewerbung mit Anhang.

Unser Kommentar

Gestaltung: Als Erstes fällt der interessant „komponierte" Briefkopf auf. Die grafische Gestaltung mit dem grauen Kasten findet ihre Wiederholung im quadratischen Foto und ergänzt sich gut. Dies ist wirklich eine schöne Idee.

Inhalt: Der Kandidat muss über die Firma Erkundigungen eingeholt haben, denn er kann den verantwortlichen Ansprechpartner in Anschrift und Anrede benennen. Dann folgen ein sehr selbstbewusster Einleitungssatz und das Foto. Der Hauptteil des Schreibens ist durch drei selbst gestellte, kurze und klare Fragen gegliedert, die auf der rechten Seite in prägnanter Form beantwortet werden. Der Bewerber versteht es, für sich in dieser sehr komprimierten Form zu werben. Der Leser wird neugierig und möchte sicherlich mehr erfahren. Die Kurzbewerbung endet auch mit dem Hinweis, dass der Kandidat gern weitere Unterlagen zusendet. Diese Anmerkung ist bei solch einer Bewerbung unabdingbar.

Foto: Wenn auch nur ein kleines Fotoformat, so ist es doch ansprechend und interessant.

Einschätzung: Eine insgesamt gute und einfallsreiche Kurzbewerbung.

HANNES MEYER
Quentinufer 67
32052 Herford
Tel. 05221 3456529
E-Mail: hannes.meyer@web.de

Autohaus Kogel
Herrn Volker Benjamin
Im Schiernholz 8
32049 Herford

Herford, 30. März 2013

Sehr geehrter Herr Benjamin,
ich möchte Sie gern auf jemanden aufmerksam machen: auf mich.

Wer ich bin?	Hannes Meyer, 42 Jahre alt und ein engagierter und erfahrener KFZ-Mechaniker.
Was will ich?	Einen Arbeitsplatz in Ihrem Unternehmen, das ich bereits als Kunde kennen und sehr schätzen gelernt habe. Gern würde ich hier meine Stärken wie Präzision, Geschicklichkeit und Selbstständigkeit einsetzen.
Was ich kann?	Ich biete Ihnen langjährige Erfahrung mit den verschiedensten Fahrzeugtypen: VW/Audi, Ford, Volvo und Mercedes. Die Reparatur und Wartung von LKWs gehört auch zu meinem Repertoire, ebenso wie der Führerschein Klasse II. Außerdem bringe ich gute Kenntnisse der hydraulischen, pneumatischen und elektronischen Systeme und Anlagen mit. Eine permanente Fortbildung ist mir sehr wichtig. Daher habe ich verschiedene Schweißerlehrgänge besucht und erfolgreich abgeschlossen. Ich arbeite gern im Team, bin aber dank meines Organisationstalentes und großer Flexibilität auch in der Lage, eigenverantwortlich zu agieren.

Gern sende ich Ihnen weitere Unterlagen zu. Selbstverständlich stehe ich jederzeit für ein persönliches Gespräch zur Verfügung.

Mit freundlichen Grüßen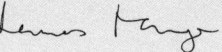

Der Bewerbungsflyer

Handlich, praktisch, gut – aber nie per E-Mail

Eine besondere Form der Kurzbewerbung ist der Flyer. Sie finden diese Art der Gestaltung sicherlich häufig in Ihrem Briefkasten. Damit will sich der noch schnellere Pizzaservice oder das preisgünstige Fitnessstudio um die Ecke vorstellen. Sie als möglicher Kunde sollen durch diesen Flyer erfahren, dass es dieses neue Angebot überhaupt gibt, und gleichzeitig Lust bekommen, es zu testen. Etwa nach dem gleichen Muster funktioniert ein Bewerbungsflyer. In diesem Fall sind Sie allerdings in der Rolle des Anbieters und machen mit Ihrem Flyer auf sich als Jobsuchenden aufmerksam.

Verwendung

Ein Flyer ist kein Ersatz für komplette Bewerbungsunterlagen, sondern ein weiteres „Werkzeug" in Ihrem „Bewerbungskoffer". Er eignet sich ideal für die Initiativbewerbung, aber auch auf Messen oder Jobbörsen sind Sie mit einem Bewerbungsflyer bestens ausgerüstet. Sie haben zunächst deutlich niedrigere Herstellungskosten als bei einer vollständigen Bewerbungsmappe und erzeugen gleichzeitig mehr Aufmerksamkeit. Viele Arbeitgeber, die unaufgefordert von Ihnen angeschrieben werden, finden es geradezu angenehm, erst einmal nur einen kurzen Informationshappen zu bekommen, der ihnen im handlichen Format dennoch einen schnellen Überblick zu Ihrer Person bietet.

Zeitliche Vorbereitung

Wenn Sie zum Verfassen des Inhalts einige Tage brauchen, dann zweifeln Sie nicht an Ihren Schreibkünsten: Kurze Texte zu schreiben, die das Wesentliche auf den Punkt bringen, ist in der Regel viel schwieriger als das Verfassen langer Texte. Wichtig: Auch wenn Sie Ihren Flyer vielfach versenden, vergessen Sie nicht, das Kurz-Anschreiben jeweils persönlich auf den Empfänger zuzuschneiden. Dann besteht auch noch die Herausforderung, den Flyer optisch besonders ansprechend zu gestalten. Ihr Textverarbeitungsprogramm bietet Ihnen meist eine Vorlage, die Sie entsprechend individuell gestalten können.

Format und Material

Die meisten Bewerbungsflyer werden im DIN-A4-Format hergestellt (quer, drei Spalten, beidseitig bedruckt). Natürlich haben Sie beim Flyer die Möglichkeit, Ihren Ideen freien Lauf zu lassen. Vielleicht wollen Sie das Blatt anders falten oder nur zwei Drittel eines DIN-A4-Blattes verwenden? Preiswerter ist es, wenn der Flyer in einen Umschlag passt, der Sie am besten nicht mehr als 58 Cent Porto kostet. Wenn Sie das Papier für Ihren Flyer aussuchen, sollten Sie nicht nur über die Farbe nachdenken, sondern auch über die Dicke. Ganz dünnes Papier wirkt billig und womöglich sieht man den Text der Rückseite durchschimmern. Wenn das

Unsere Empfehlung: Wenn das Grafische Ihnen nicht so sehr liegt, lohnt sich sicherlich die Investition in ein gutes Grafikbüro, das die optische Aufbereitung Ihrer Texte übernimmt.

Blatt zu dick ist, können Sie es vielleicht nicht mehr sauber falten. Lassen Sie sich beraten.

Gestaltung

Das „Layout" Ihres Flyers kann Bilder, grafische Darstellungen und Worte umfassen. Gut platzierte und z. B. fett, farbig oder etwas größer geschriebene Formulierungen erzeugen viel Aufmerksamkeit und helfen dem Leser, den Inhalt des Flyers gedanklich schneller zu strukturieren. Ihr Foto scannen Sie ein (vielleicht haben Sie es vom Fotografen schon in digitaler Form bekommen). Ein eingeklebtes Foto wäre im Flyer eher ungewöhnlich. Sie können auch noch andere Bilder einfügen, wenn sie in einem sinnvollen Zusammenhang zum Thema Ihrer Bewerbung stehen. Wer beispielsweise einen Ausbildungsplatz als Forstwirt sucht, sollte keine Segelschiffe auf seinem Flyer abbilden, sondern eher etwas, was an den Wald erinnert.

Einsatzmöglichkeiten

Es gibt zahlreiche Messen und ähnliche Veranstaltungen, auf denen junge, aber auch gestandene Bewerber die Möglichkeit haben, sich über den Ausbildungs- und Arbeitsmarkt zu informieren – und zwar direkt bei den Arbeitgebern, Berufsverbänden oder Handelskammern, die dort mit Ständen vertreten sind. Das ist eine ideale Möglichkeit, persönliche Kontakte zu knüpfen und ins Gespräch zu kommen. Wenn Sie Ihrem Gesprächspartner anschließend Ihren Flyer übereichen – natürlich mit dem Hinweis, dass Sie ihm gerne die vollständigen Unterlagen zukommen lassen –, wird er sich positiv an Sie erinnern und sich vielleicht tatsächlich bei Ihnen melden.

Tipps für Bewerbungsflyer

1. Nutzen Sie dieses Werbemittel, das jeder kennt, unbedingt auch für Ihre Be-Werbung.
2. Der Flyer soll den Leser kurz und ansprechend informieren.
3. Text und Bild/-er entscheiden über die Qualität und den Erfolg eines Flyers.
4. Optimale Gelegenheiten für Flyer: Initiativbewerbungen und Messebesuche.
5. Wenn Sie viele Stunden mit der Erstellung des Flyers verbringen: Denken Sie an die Arbeitserleichterung, die er Ihnen später verschafft!

Zielgruppe: Nicht wirklich für jeden geeignet, aber dafür altersunabhängig! Also: Handel, Handwerk, Gastronomie, Tourismusbranche, aber auch bei Dienstleistern, in der Medienbranche oder im Pflegebereich nutzbar, jedoch nicht bei Großunternehmen, nicht bei einer angestrebten Führungsposition und nur bis ca. 40.000 € p. a.

Achtung: Überlegen Sie gut, ob es zu Ihnen und Ihrer Zielgruppe passt.

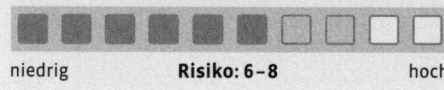

niedrig　　　**Risiko: 6–8**　　　hoch

BESONDERE BEWERBUNGSWEGE

Flyer zugeklappt

Ein Buch ist immer so spannend wie sein Cover ...

... und welche Bewerberin steckt hinter diesem Gesicht?

Mein Ausbildungsziel: Buch und Handel

Flyer einmal aufgeklappt

Sehr geehrte Frau Seeger,

hinter diesem Gesicht steckt
Manuela Veltin,
die sich heute bei Ihnen um eine
Ausbildung zur Buchhändlerin
bewerben möchte.

(bitte weiterblättern ...)

Hannover, 5. Februar 2013

Wenn Sie Interesse an meiner ausführlichen Bewerbung haben, verwenden Sie bitte diese Antwortkarte oder schreiben Sie mir eine E-Mail: veltin@web.de
Vielen Dank!

Mein Ausbildungsziel: Buch und Handel

Ja, ich möchte gerne mehr über Manuela Veltin erfahren!
Bitte senden Sie mir:
☐ Eine Kurzbewerbung (Anschreiben + Lebenslauf)
☐ Eine komplette Bewerbungsmappe

Name, Vorname
Unternehmen
PLZ, Ort
Telefon

Manuela Veltin
Welfengarten 10
30156 Hannover

Bitte ausreichend frankieren

Unser Kommentar

Gestaltung: Das durchgehende Spruchband am unteren Rand lässt den Leser keine Minute vergessen, um was es geht: um einen Ausbildungsplatz im Buchhandel. Das ist offensichtlich der Herzenswunsch der Bewerberin, sonst hätte sie nicht einen so engagierten und mit allen Schikanen ausgestatteten Flyer hergestellt. Die Empfängerin sieht schon jetzt, dass sie per vorgefertigter Antwortkarte oder per E-Mail ganz unkompliziert die vollständigen Unterlagen anfordern kann.

Inhalt: Nach einem unterhaltsamen kurzen Einstieg mit Foto und Frage spricht Manuela Veltin die Empfängerin direkt an. Der Lebenslauf, den sie eingefügt hat, ist sogar vollständig und auch das Anschreiben ist kaum kürzer als ein richtiges. Mit einer etwas kleineren

Flyer komplett aufgeklappt

Sehr geehrte Frau Seeger,

hinter diesem Gesicht steckt
Manuela Veltin,
die sich heute bei Ihnen um eine
Ausbildung zur Buchhändlerin
bewerben möchte.

(bitte weiterblättern ...)

Hannover, 5. Februar 2013

Wenn Sie Interesse an meiner
ausführlichen Bewerbung haben,
verwenden Sie bitte diese
Antwortkarte oder schreiben Sie mir
eine E-Mail: veltin@web.de
Vielen Dank!

Manuela Veltin

Welfengarten 10
30156 Hannover
Tel: 0511 45 68 96
E-Mail: veltin@web.de

Persönliche Daten

Geboren: am 26. April 1997 in Hannover
Eltern: Ralf Veltin, Lehrer
Dorte Veltin, geb. Maier, Bibliothekarin

Schulbildung
Grundschule: 2003 – 2007
Realschule: seit 2007
Abschluss: Sommer 2013
Lieblings-
sprachen: Englisch, Französisch

Außerschulische Interessen
Kenntnisse: Zehnfingersystem, MS Office
Hobbys: englische Kriminal-romane, Feld-Hockey

„Bücherwurm", „Leseratte" ...

sehr verehrte Frau Seeger, mit diesen Spitznamen werde ich schon seit meiner frühesten Kindheit bedacht. Genau gesagt seit ich das Lesen gelernt habe. Denn mit diesem Tag hat sich für mich die faszinierende Welt der Bücher geöffnet.

Im Deutschunterricht konnte ich seitdem die wichtigsten Werke der deutschen Literatur und einige französische Bücher kennenlernen.

Aber nicht nur das Lesen, auch der Umgang mit Büchern fasziniert mich. Oft besuche ich meine Mutter, die Bibliothekarin ist, an ihrem Arbeitsplatz und genieße die Atmosphäre zwischen den Bücherregalen.

Mein größter Wunsch ist es, den Beruf der Buchhändlerin zu erlernen. Ich kenne Ihre Buchhandlung schon lange als Kundin und möchte sehr gerne als Auszubildende bei Ihnen arbeiten.

Ich freue mich, wenn Sie mir die Möglichkeit geben, Sie in einem Gespräch persönlich kennenzulernen.

Mit freundlichen Grüßen,

Manuela Veltin

Mein Ausbildungsziel: Buch und Handel | **Mein Ausbildungsziel: Buch und Handel** | **Mein Ausbildungsziel: Buch und Handel**

Schriftgröße (10 Punkt) ist so etwas möglich. Kleiner sollte es allerdings nicht werden, sonst können Sie gleich eine Lupe mitschicken (und diese Kreatividee käme sicherlich nicht so gut an!).

Einschätzung: Ein sehr gut gestalteter Bewerbungsflyer, der alle wichtigen Informationen enthält und die Kontaktaufnahme erleichtert. Noch besser wäre der Hinweis auf eine eigene Internetseite, die dann noch weiter über unsere Bewerberin informiert und schnell und unverbindlich zu einem Besuch verführt.

Die Profilcard

Auf Visitenkarten, die etwa 5 x 9 Zentimeter groß sind, stehen Name, Adresse und häufig der Beruf des Besitzers. Die Profilcard könnte man als „große Schwester" der Visitenkarte oder als „kleine Schwester" des Flyers bezeichnen. Anders als ein Flyer wird sie nicht verschickt, sondern nur persönlich übergeben. Deshalb ist sie ideal für Ihren Messebesuch geeignet.

Material und Format

Auf S. 46 sehen Sie eine Profilcard in Originalgröße. Zur Orientierung können Sie das Format eines quadratischen Zettelblocks nehmen. Verwenden Sie dickes Papier oder dünne Pappe, die noch in Ihren Drucker passt. So kann die Profilcard nicht knicken, wenn Sie in eine Jackentasche, den Kalender oder die Geldbörse gesteckt wird. Ausschneiden sollten Sie die Karte nicht mit der Schere, denn das wird immer etwas schief. Nehmen Sie ein Teppichmesser und ein Metalllineal. So kriegen Sie einen ganz geraden Schnitt hin. In vielen Kopierläden finden Sie auch Schneidemaschinen.

Inhalt

Mit so wenig Platz für Interesse zu werben und dennoch alles Wichtige zu sagen ist schon eine echte Herausforderung. Was in keinem Fall fehlen darf: ein eingescanntes/digitales Foto, Ihre Adresse, Geburtsdatum, Schulabschluss und Ihr Berufswunsch, wenn es um einen Ausbildungsplatz geht, andernfalls: Ihr besonderes Mitarbeitsangebot.

Unsere Bewerberin Lena Reiner hat sogar noch einen kleinen Spruch auf der ersten Seite und Ihre persönlichen Stärken auf der Rückseite unterbekommen. Spielen Sie ein wenig mit der Schriftart und -größe, können Sie manchmal wertvolle Zentimeter gewinnen. Grundsätzlich gilt: Auch wenn die Profilcard wenig Platz bietet, sollten Sie nicht unbedingt jede weiße Fläche ausnutzen! Das führt manchmal nur dazu, dass diese kürzeste aller Bewerbungen zu unübersichtlich oder zu voll wirkt und keiner mehr Lust hat, sie zu lesen …

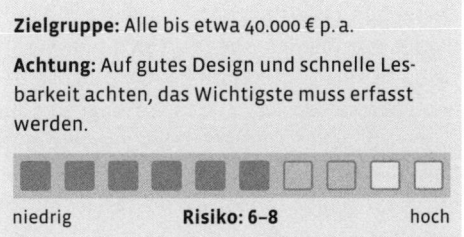

Zielgruppe: Alle bis etwa 40.000 € p. a.

Achtung: Auf gutes Design und schnelle Lesbarkeit achten, das Wichtigste muss erfasst werden.

niedrig Risiko: 6–8 hoch

Profilcard

Unser Kommentar

Diese Bewerberin interessiert sich für eine Ausbildung zur Tourismuskauffrau und geht auf eine große Reisemesse. Weil sie nicht glaubt, hier gleich ihre Bewerbungsmappe übergeben zu dürfen, hat sie sich für die Profilcard entschieden und freut sich nun, wenn sie diese einem interessanten Gesprächspartner überreichen kann. Das ist angemessen und wird sicher goutiert. Die Profilcard enthält alle nötigen Daten und die Bewerberin hat darüber hinaus noch ein passendes Motto und ihre wichtigsten Stärken eingebaut. Das wirkt nicht überladen und gibt der Karte eine besondere persönliche Note.

Bitte glauben Sie jetzt nicht, so etwas wäre vielleicht nur für Ausbildungsplatzsuchende einsetzbar. Auch als gestandener Berufsvertreter können Sie in vielen Branchen mit einer Profilcard prima punkten!

Unsere Empfehlung

Tragen Sie ab jetzt stets ein paar Profilcards in Ihrer Jackentasche. Bewerbungssituationen kommen manchmal ganz plötzlich und unerwartet.

Das Stellengesuch

Eine gute Möglichkeit, positiv aufzufallen und die von Arbeitgebern so sehr geschätzte Leistungsbereitschaft und Motivation zu unterstreichen, stellt das eigene Stellengesuch dar. Wenn Sie in die Offensive gehen und selbst eine solche Anzeige in die Zeitung setzen, zeigen Sie eindrucksvoll, dass Sie in einem sehr hohen Maß über diese gesuchten Eigenschaften verfügen. Es kommt natürlich vor allem darauf an, wie sich der Stellensuchende präsentiert. Viele Gesuche sind recht eintönig, geradezu langweilig, und darüber hinaus wenig aussagekräftig formuliert. Das, was die Inserenten ihren potenziellen Arbeitgebern in der Zeitung anbieten, bleibt oft farblos und austauschbar. Die Folge: Die Anzeige löst bei den meisten Personalentscheidern eher ein Achselzucken aus als den Wunsch, mit dem Inserenten Kontakt aufzunehmen.

Ihr Stellengesuch sollte zwei Bedingungen erfüllen: Die Überschrift sollte bereits beim Überfliegen der Zeitungsseite neugierig machen. Und der gesamte Text muss eine hohe Zahl von relevanten Informationen transportieren und damit den Leser für Sie „erobern".

Medien

Stellengesuche können in regionalen oder überregionalen Zeitungen bzw. in branchenbezogenen Fachzeitschriften geschaltet werden, außerdem bietet das Internet viele Möglichkeiten, die eigene Arbeitskraft anzubieten (s. S. 112). Die meisten Stellengesuche werden unter Chiffre aufgesetzt, um die Anonymität des Inserenten zu wahren (z. B. wegen noch bestehender Arbeitsverträge). Ob Sie nun Ihre Adresse oder Chiffre angeben, in beiden Fällen empfiehlt es sich, zusätzlich Ihre Telefonnummer sowie Ihre E-Mail-Adresse für die Kontaktaufnahme anzubieten.

Gestaltung

Einige Rahmenbedingungen sollten Sie bei Aufgabe eines Stellengesuchs beachten: Größe, grafische Gestaltung und Kosten der Anzeige. Mit diesen Fragen können Sie sich auch an die Anzeigenberater der Zeitungen wenden. Grafische Gestaltungsmöglichkeiten wie unterschiedliche Schrifttypen, Formatierungen (fett, kursiv, unterstrichen), Rahmen oder Hintergrund bieten sich an, um Ihr Gesuch bereits optisch hervorzuheben.

Aufwand

Haben Sie ein wenig Geduld. Bis zu drei Versuche sollten Sie sich schon selbst gönnen. Ein eigenes Stellengesuch lässt sich nicht in zwanzig Minuten texten. Planen Sie lieber einen ganzen Nachmittag dafür ein. Lassen Sie den Entwurf über Nacht liegen und sehen Sie sich das Ergebnis am nächsten Morgen nochmals an. Hält er Ihrem kritischen Blick stand? Dann legen Sie Ihre Anzeige einer von Ihnen ausgewählten „Prüfungskommission" zur Beurteilung vor.

Ausgangspunkt und Basis der Gestaltung eines erfolgreichen Stellengesuchs sind kurze, prägnante Antworten auf die Fragen:
Was bin ich?
Was kann ich?
Was will ich?

So gehen Sie vor

1. Suchen Sie ein geeignetes Medium.
2. Nehmen Sie Stellengesuche und -angebote im ausgewählten Medium gründlich unter die Lupe.
3. Formulieren Sie einen Text mit dichtem Informationsgehalt.
4. Formulieren Sie eine gute Überschrift.
5. Versetzen Sie sich in die Lage eines Personalleiters, der Stellengesuche meist nur überfliegt.

Noch ein Hinweis: Ob Initiativ- oder Kurzbewerbung, Flyer, Profilcard oder Stellengesuch, es hilft Ihnen kolossal für die Erstellung all dieser Varianten, wenn Sie sich über Ihr Kompetenz-, Leistungs- und Persönlichkeitsprofil im Klaren sind. Diese entscheidenden Weichensteller und die Erstellung eines individuellen, berufsbezogenen Profils gehören beide zu den wichtigsten Werkzeugen für Ihr Vorhaben. Diese Vorbereitung ist ungeheuer wichtig.

Zielgruppe: Für jeden vom Azubi bis hin zum Top-Manager.

Achtung: Darauf achten, dass es zu Ihnen und Ihrer Empfänger-Zielgruppe passt (auch Format und Text).

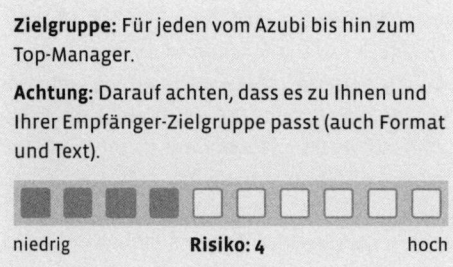

niedrig   **Risiko: 4**   hoch

Drei Beispiele

Meine Stärke: selbstständige Korrespondenz. Kompetente, absolut zuverlässige

Chef- **Sekretärin**
Office Managerin

25 Jahre Berufserfahrung in der Baubranche, Alleinkraft, verantwortungsbewusst, flexibel, stressresistent, alle PC-Kenntnisse, frei ab 1.1., sucht vergleichbare Position im Raum PLZ 65000.

12-3467 NN Brieffach 3456

Unser Kommentar: Diese Inserentin stellt zunächst einmal ihre besondere Stärke dem eigentlichen Text voran. Schon damit sorgt sie für Aufmerksamkeit und hebt sich wohltuend von dem üblichen Aufbau anderer Gesuche ab. Alle wichtigen Informationen sind aufgeführt.

Schlosser, 28 J., ungekündigt, selbstständiges Arbeiten gewöhnt, Schweißer-Pässe, ERB, DB, E-H, Führerschein B, ortsunabhängig, sucht Arbeit im Großraum NRW.

Telefon 0175 / 223344

Unser Kommentar: Eine schlichte Anzeige, die aber alles Wissenswerte enthält.

BESONDERE BEWERBUNGSWEGE

> GERNE AUCH AUF ZEIT
>
> **Projektmanager Geschäftsführung / Verlag**
>
> Dipl.-Kfm. (53), langjährige Führungserfahrung. Schwerpunkte: Controlling / Rechnungswesen, nachweislich erfolgreiches Finanzmanagement – auch in schwierigen Situationen.
>
> # 53-0812 X

Unser Kommentar: Alles Wissenswerte ist in dieser Anzeige zu finden – in Anbetracht der angestrebten Position hätte das Gesuch etwas größer ausfallen können bzw. sogar müssen. Sehr gut ist die Doppelüberschrift mit dem Hinweis auf eine zeitweise Beschäftigung. Damit erhöht der Stellensuchende seine Chancen.

Die Doppelbewerbung

Sehr außergewöhnlich ist es, wenn zwei Bewerber sich auf eine Stelle bewerben, um sich diese zu teilen. Hier kommt es ganz besonders darauf an, Design und Inhalt so überzeugend zu kombinieren, dass Arbeitsplatzanbieter neugierig werden und die Bewerber trotz Bedenken einladen, um sie wenigstens kennenzulernen. Oft gibt es dann ein Angebot für eine Person, und auch das kann ja schon helfen. Überlegen Sie genau, ob das auch in Ihrer Branche eine Möglichkeit für die Eroberung eines Teilzeitarbeitsverhältnisses sein kann. In vielen Bereichen, z. B. im Sekretariat, ist die Einrichtung zweier Teilzeitstellen statt einer Vollzeitstelle für den Arbeitgeber oft nicht rentabel: Er muss zwei Arbeitsplätze einrichten, zwei Mitarbeitergespräche führen, er hat doppelte Sozialabgaben, und es kann bei der (täglichen) Übergabe leicht zu Reibungsverlusten kommen. Für eine leitende Position aber, die spezielles Know-how erfordert und für die der Arbeitgeber nur schwer einen geeigneten Mitarbeiter finden kann, kann das Ihre Chance sein – wenn sie auch immer mit einem großen Risiko verbunden ist.

> **Zielgruppe:** Eher in höher bezahlten Berufen / Branchen.
>
> **Achtung:** Überlegen Sie sich, was zu Ihnen und Ihrem Empfänger passt.
>
>
>
> niedrig   **Risiko: 8–9**   hoch

Unter *www.berufsstrategie-plus.de* finden Sie ein Beispiel für eine Doppelbewerbung.

www.

Besonders kreative Gestaltungsideen

Die Satzart des Textes
Drei verschiedene Textausrichtungen sind zu unterscheiden:
a) **Mittelachse oder zentriert**
b) **Rechtsbündig**
c) **Linksbündig**
Bei allen drei Varianten gilt: Bleiben Sie einer Satzart treu, es wirkt in sich logischer, strukturiert und ästhetisch harmonischer.

Jetzt lernen Sie einige entscheidende Spielarten und Methoden des Bewerbungsunterlagen-Tunings kennen. Es gibt viele Möglichkeiten, Ihre Unterlagen aufzuwerten: durch besondere optische Effekte, mutige Formatänderungen und, wenn es sinnvoll ist, auch mithilfe einiger inhaltlicher Veränderungen.

Ästhetische Tricks und Kniffe

Von der äußeren Form Ihrer Bewerbung schließt der Personalentscheider auf deren Inhalt und natürlich auch auf Sie als Kandidat. Nutzen Sie die Möglichkeiten, sich durch eine besondere Gestaltung von der Masse der konventionellen Bewerbungen abzuheben. Sie sollten aber auch wissen, welche Regeln es bei der Anfertigung Ihrer Unterlagen zu beachten gilt.

Wichtige Gestaltungsregeln für Briefbögen

1. Die Maße
Das Fensterfeld (bei Verwendung von Fensterumschlägen) beginnt auf einem DIN-A4-Blatt bei 4 Zentimetern (von oben gerechnet) und geht bis 9 oder 9,5 Zentimeter. Ihr Briefkopf sollte sich an diesen Maßen orientieren, egal ob nun auf Mitte, rechts- oder linksbündig gesetzt oder im oberen bzw. unteren Teil des Briefpapiers. Bei 10,5 Zentimetern sitzt die Falzmarkierung zum Falten des Blattes. Oben und unten sollten mindestens 1 bis 1,5 Zentimeter Abstand zum Papierrand bleiben, links ca. 2 bis 2,5 und rechts mindestens 1 bis 1,5 Zentimeter.

2. Die Schrift
Es werden drei grundsätzliche Schriftfamilien unterschieden:
a) die Antiquaschriften, erkennbar an den Serifen, d. h. den kleinen Haken an den Buchstaben (wie z. B. Times). Diese Schriften werden hauptsächlich im Buch- oder Zeitungsdruck verwendet. Sie sind klassisch, konservativ und gediegen und eignen sich für Briefbögen, die dieses Image transportieren sollen.
b) die Groteskschriften, erkennbar an klassisch geraden Linien (wie z. B. *Helvetica* oder Arial). Diese Schriften werden in Werbung und Illustrierten verwendet. Sie sind modern und neutral und eignen sich für Briefbögen, die ein solches Image transportieren sollen. Außerdem sind sie durch ihr klares Schriftbild von allen Schriften am besten lesbar.
c) die Schreibschriften, erkennbar an geschwungenen Linien, wie mit Feder oder Pinsel geschrieben (wie z. B. *Monotype*). Sie sind eher künstlerisch und verspielt und eignen sich für Briefbögen, die ein solches Image transportieren sollen.

Viele dieser Schriften können Sie variieren, indem Sie sie (z. B. zur Betonung) **fett**, *kursiv* oder auch g e s p e r r t, also mit größerer Laufweite, absetzen. Kursive Schriften wirken übrigens dynamischer als gerade, was Sie ebenfalls als Gestaltungselement einsetzen können.

3. Abstände

Jene zwischen Überschrift und Grundtext sollten möglichst immer dieselben sein. Sie können die Zeilenumbrüche (Return-Taste am PC) auch einfach mitzählen. Auch Abstände zwischen gegliederten Textabschnitten im Lebenslauf, zu Linien oder zum Papierrand sollten gleich sein. So wirkt die Struktur Ihrer Unterlagen durchdacht und harmonisch.

4. Der Aufbau

Ihre Unterlagen sollten möglichst ein und demselben Schema folgen. Wenn Sie Ihren Text beispielsweise von oben immer auf gleicher Höhe beginnen, ziehen Sie dies über die ganze Bewerbungsmappe durch, desgleichen wenn Sie Ihre Textblöcke von unten her aufbauen und nach oben hin auslaufen lassen.

5. Übersichtlichkeit

Verwenden Sie nie mehr als zwei verschiedene Schriftarten innerhalb einer Gestaltung, weil dies die Übersichtlichkeit und Harmonie beeinträchtigt. Es ist besser, Sie variieren innerhalb einer Schriftfamilie. Dort gibt es (wie z. B. bei der Helvetica) neben der Grundschrift meist noch eine fette, eine kursive und eine schmal laufende Variante usw.

6. Ihr Briefkopf

Wenn Sie sich einen eigenen Briefkopf gestalten wollen, sollten Sie die Punktgröße für den Namen nicht überdimensioniert groß wählen, Vorschlag: 12 bis 18 Punkt einer normalen Helvetica sind angemessen. Gängige Größen für Adress- und Telefonnummernblock liegen zwischen 10 und 14 Punkt.

DIN 5008 – aufgepasst

Hinter dieser Nummerierung verbirgt sich eine Übereinkunft, ein verabredeter Standard, wie man seit September 2006 bestimmte Briefbestandteile wie z. B. Anschriftenfeld, Datum oder Telefonnummern zu schreiben hat.

Anschrift: Man hat sich darauf verständigt, dass erst der Name, dann die Straße und Hausnummer und dann, eine Zeile weiter, der Ort beginnend mit der Postleitzahl angegeben werden muss. Früher wurde hier zwischen den letzten beiden Zeilen eine Leerzeile gesetzt. Jetzt bitte nicht mehr! Die größte Neuerung ist der Wegfall der Leerzeilen im Anschriftenfeld. Damit passt sich die DIN 5008 den internationalen Gepflogenheiten an und Sie tun gut daran, sich ebenfalls darauf einzustellen.

Datum: Sie können zwischen der numerischen und der alphanumerischen Schreibweise wählen. Bei der numerischen dürfen Sie zwischen der numerisch nationalen (26.04.2007) und der numerisch internationalen Variante (2007-04-26) wählen. Auch wichtig: Bei einstelligen Tages- oder Monatsziffern sollte immer eine Null

Schriftgrößen
Grundtexte, wie etwa Anschreiben, Lebenslauf und sonstige schreibt man meist in 10 bis 13 Punkt Größe.
Überschriften, z. B. innerhalb des Lebenslaufes, ca. 2 bis 3 Punkt größer als der Grundtext, also 12 bis eventuell 16 Punkt und fett.
Fensterzeilen (Absender) in 8, 7 oder 6 Punkt, kleiner ist für das normale Auge schwer lesbar.
Antiqua- und Schreibschriften sind oft bei gleicher Punktgröße kleiner als z. B. die Helvetica. Hier müssten Sie die Schriftgröße nach oben korrigieren, bis Sie Ihnen groß und lesbar genug erscheint.

Musteranschrift gemäß DIN 5008:
Frau
Petra Becker
Becker Shop KG
Mainstraße 17
70765 Beilhausen

Inhaber, 50, Dienstleistungsbranche, 12 Beschäftigte:
„Ich liebe kreative, einfallsreiche, außergewöhnlich gemachte, gute, unterhaltsame Bewerbungen. Sie sind aber doch recht selten. Die meisten trauen sich nicht, machen es eher 08/15, so wie es vom Arbeitsamt oder in den einschlägigen Broschüren empfohlen wird. Und für jeden ist das ja auch nichts! So eine kreative Bewerbung will gut ausgedacht sein, ist ja beinahe ein kleines Kunstwerk ..."

vorangestellt werden. Bei der alphanumerischen Schreibweise schreiben Sie den Monat in Buchstaben (26. April 2007).

Telefonnummern: Diese werden jetzt in Ortsvorwahl und Anschluss gegliedert. Die Durchwahl wird durch einen Bindestrich von der Hauptwahl getrennt: 0511 1234-567. Bei einer internationalen Nummer wird die Landesvorwahl, so z. B. +49, vorangestellt und die Null der Ortsvorwahl weggelassen, also: +49 511 1234-567. Bei Ihrer privaten Telefonnummer könnte es dann so aussehen: 030 4021245. Standards gibt es auch beim Prozentzeichen oder dem kaufmännischen „und". Da diese Zeichen ein Wort vertreten, werden sie nicht direkt an die Zahl geschrieben, sondern haben ein Leerzeichen dazwischen. Also 16 % statt 16% oder Mayer & Sohn statt Mayer&Sohn.

Papier: Stärke, Farbe & Design

Kreative Bewerber spielen oft mit Farben und Design: Dabei gehen sie entweder nach ihrem persönlichen Geschmack oder sie orientieren sich an den Hausfarben (Logo, Gesamtauftritt) der Firmen, bei denen sie sich bewerben. Grundsätzlich spricht nichts dagegen, beispielsweise der Telekom in magentafarbenem Design zu schreiben. In jedem Fall steckt hinter diesen Überlegungen eine deutlich erkennbare Mühe, die sich ein Bewerber macht. Er zeigt, dass er sich mit dem Empfänger seiner Unterlagen intensiv beschäftigt hat. Das wird in der Regel schon honoriert, denn erstaunlich viele Bewerber zeigen an dieser Stelle leider

überhaupt keine Spur von Engagement! Wenn Sie diese Möglichkeit für sich nutzen wollen, gehen Sie mit viel ästhetischem Fingerspitzengefühl vor und lassen Sie das Ergebnis von Menschen begutachten, die beruflich aus dem Grafikbereich kommen. Entscheiden Sie sich für eine angenehme Papiersorte (nicht zu dünn) und angemessene Farbe (nicht zu grell/bunt). Dabei können Sie die Anlagen in einer anderen Papiersorte und Farbe präsentieren als beispielsweise das Anschreiben und die Lebenslaufseiten. Sie können auch farbige Zwischenblätter kreieren, um so die unterschiedlichen Anlageabteilungen schnell auffindbar zu machen (Arbeits-, Ausbildungszeugnisse, Weiterbildungsnachweise, Referenzen etc.). Das kann ein echter Hingucker sein.

Zielgruppe: Alle, beim Top-Manager aber bitte nur in Maßen.

Achtung: Erreichen Sie damit wirklich mehr Aufmerksamkeit? Bleiben Sie im Zweifelsfall besser dezent.

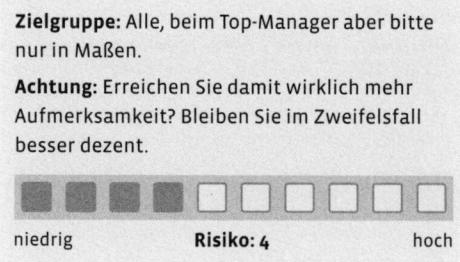

niedrig   **Risiko: 4**   hoch

Hintergrundbilder

Sie können auch ein besonderes „Wasserzeichen", als Hintergrundbild auf Ihrem PC gestalten. Vorstellbar sind an dieser Stelle Fotos oder Zeichnungen. Dieses Mittel sollte sparsam, aber durchdacht eingesetzt werden, dann ergibt es einen tollen Effekt.

BESONDERS KREATIVE GESTALTUNGSIDEEN

Zur Bildauswahl: Ein Förster wird sich sicherlich nicht mit Flugmodellen im Hintergrund bewerben und ein Pilot nicht mit Baummotiven. Einen gewissen Zusammenhang (Branche, Position) sollte es schon geben. Auch was die Größe und Häufigkeit des Motivs betrifft, überlegen Sie sich genau, was zu Ihrer Bewerbung und dem Empfänger passt. Sie müssen nicht alles unbedingt mitmachen, um aufzufallen.

Zielgruppe: Für Einsteiger und für Jobs bis etwa 40.000 € p. a.
Achtung: Was passt zu Ihnen und der Zielgruppe? Nicht übertreiben!

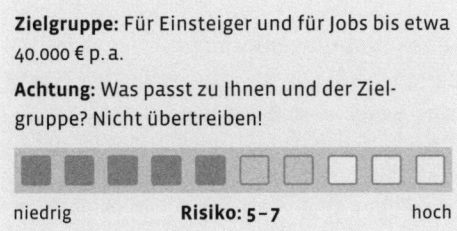

niedrig   Risiko: 5–7   hoch

Textformatierungen

Ausgewählte Textabschnitte sowohl im Anschreiben als auch auf den Lebenslaufseiten können Sie mit einem farbigen Textmarker hervorheben oder durch Unterstreichung oder Fettung sehr deutlich kennzeichnen. Einen ähnlichen Effekt erzielen Sie durch das Kursivsetzen bestimmter Worte oder kürzerer Textteile. All diese Sondereffekte sollten Sie aber sparsam einsetzen; der gewünschte Effekt verkehrt sich sonst ins Gegenteil. Nutzen Sie in Ihrer Bewerbung möglichst nur ein, höchstens zwei der erwähnten Formatierungen.

Zielgruppe: Alle, für Top-Positionen besser klassisch konservativ.
Achtung: Nicht alles auf einmal kombinieren, übertreiben Sie nicht.

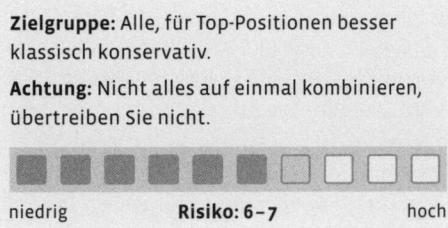

niedrig   Risiko: 6–7   hoch

Handgeschriebenes

Das handgeschriebene Anschreiben ist nicht so weit verbreitet; wenn Sie allerdings zum Top-Management gehören und deutlich über 200.000 € im Jahr verdienen, gehört es sogar fast zum Standard. Auch in eher einfachen Berufen wird das Anschreiben gerne handschriftlich verfasst, beispielsweise bei der Bewerbung um eine Hausmeisterstelle.

Aber selbst wenn Sie keiner der genannten Gruppen angehören, dürfen Sie Ihren Brief mit der Hand schreiben.

Ihre Handschrift sollte aber gut lesbar sein. Mit dem entsprechenden Schreibgerät – Füller statt Billigkugelschreiber – erzeugen Sie schon einen sehr beachtlichen ersten Eindruck. Bei der Farbe haben Sie durchaus die Wahl, aber überlegen Sie sich sehr genau, was Ihre Entscheidung für beispielsweise Grün oder Violett dem Empfänger suggerieren könnte. In jedem Fall sollten Sie es besser bei einem recht kurzen Anschreiben belassen.

Für alle Bewerber gilt: Ihre Unterschrift gehört sowohl unter das Anschreiben als auch ans Ende des Lebenslaufes – Personaler berichten, dass diese handschriftliche Signatur

Die Unterschrift

Benutzen Sie für Ihre Unterschrift einen hochwertigen Stift (Füller) und bemühen Sie sich um Lesbarkeit Ihrer Unterschrift. Was die Farbe angeht: lieber konservativ Tinten-Königsblau verwenden als Grün, Orange oder gar Violett! Natürlich können Sie mit der Farbe schon ein wenig experimentieren, aber bleiben Sie im Rahmen!

Bevor Sie unterschreiben, üben Sie noch einmal Ihre volle Unterschrift. Das klingt komisch, aber die Art, wie Sie unterschreiben, wird sehr wahrscheinlich kritisch beäugt. Auch danach können Sie beurteilt werden!

oft vergessen wird. Das kann man zum einen auf Stress zurückführen. Beim Lebenslauf kann allerdings auch etwas anderes darin gesehen werden: Die Unterschrift unter Ihrem Lebenslauf soll dokumentieren, dass Sie zu den Inhalten dieser Auflistung stehen. Wenn Sie nicht unterschreiben, entwertet das Ihren Lebenslauf. Unterschreiben Sie stets mit vollem Vor- und Zunamen. Beim Lebenslauf können Sie auch Ort und Datum handschriftlich hinzufügen. Es geht aber auch maschinenschriftlich. Ihren Namen wiederholen Sie jedoch nicht maschinenschriftlich, weder beim Anschreiben noch unter dem Lebenslauf. Dafür können Sie Ihren Namen handschriftlich unter Ihr Foto setzen, gegebenenfalls auch mit Ort und Datum. Voraussetzung: Sie haben Ihr Foto so positioniert, dass reichlich Platz dafür vorhanden ist, damit diese Kombination gut wirkt. Die Demonstration zweier so wichtiger Persönlichkeitsmerkmale ist schon außergewöhnlich und rückt Sie sehr in den Fokus. Daher ist dieses Mittel insbesondere für etwas gehobenere Positionen interessant.

Interessant könnte es auch sein, weitere Informationen, wie z. B. die Betreffzeile, das PS oder andere Anmerkungen, an geeigneter Stelle sowohl im Anschreiben als auch im Lebenslauf handschriftlich hinzuzufügen. Das lenkt natürlich sehr stark die Aufmerksamkeit des Lesers. Mehr zur Add-on-Strategie mit Hinweisen, PS und Betreffzeile erfahren Sie auf S. 79 und 80. Wie es sich mit extra angeforderten Handschriftenproben verhält, lesen Sie auf S. 76.

Zielgruppe: Alle Branchen außer evtl. öffentlicher Dienst. V. a. für absolute Führungspositionen interessant.

Achtung: Was muten Sie anderen an Lesbarkeit zu? Und passt es zur angestrebten Position?

niedrig **Risiko: 9** hoch

Andere Unterlagenformate

Natürlich kennen Sie die nahezu unumstößliche Regel, Ihre Bewerbungsunterlagen auf DIN-A4-großem Papier, einseitig beschrieben, zu erstellen. Dabei sind auch andere Lösungen vorstellbar, und diese bieten teilweise ganz neue optische Reize. Ändern Sie doch einfach einmal mutig das Format.

Ihr Schreibpapier kann etwas kleiner sein oder auch das übliche DIN-A4-Format übersteigen. Genauso gut könnten Sie sich jetzt einfach dafür entscheiden, Ihr übliches A4-Format bei Ihrer Bewerbung als Querformat zu nutzen. Unternehmensberater präsentieren schließlich auch gerne ihre Ergebnisse oder Folien in diesem Format. Warum sollten Sie nicht Ihre Bewerbung einmal so aussehen lassen? Nur Mut! Sie könnten auch auf die Idee kommen, den Rand Ihrer Seite einzufärben oder die Ecken abzurunden (nutzen Sie hierzu einen „Eckstanzer Rund"). Natürlich ist das sehr auffällig. Entscheiden Sie selbst, wie weit Sie gehen wollen, was für Ihre Branche und die angestrebte Position noch angemessen ist und was eventuell übers Ziel hinausschießt.

BESONDERS KREATIVE GESTALTUNGSIDEEN 55

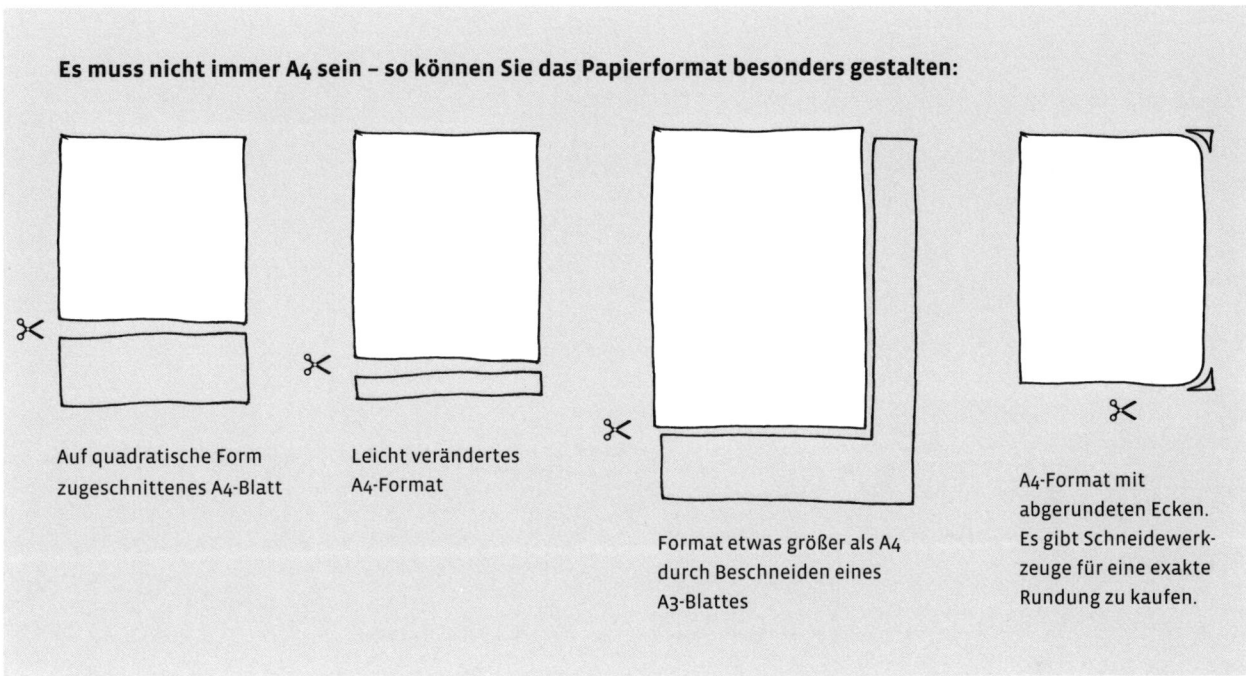

Sie dürfen nicht vergessen, dass der Umschlag zu dem neuen Format Ihrer Unterlagen passen muss. Vielleicht ist es nötig, den Umschlag selbst zu basteln. Wenn das gut gemacht ist, verleiht es Ihrer Bewerbung einen weiteren Touch von Individualität.

Nicht ganz unproblematisch wird es, wenn Sie Vorder- und Rückseite beschreiben und dieses Vorgehen thematisch und inhaltlich sinnvoll einbinden. Hier kommt es auf Ihr Bindungssystem (Stichwort umblättern) und damit auf die gute Lesbarkeit an.

Zielgruppe: Generell alle, aber Vorsicht im Top-Management und bei über 120.000 € p. a.

Achtung: Was passt zu Ihrer Präsentation und Zielgruppe? Achten Sie unbedingt auf eine saubere Ausführung, z. B. der Schnittkanten.

niedrig   **Risiko: 8–10**   hoch

Bewerbung • Koordinatorin

Sandra Meiner
Möllegatan 4
21420 Malmö/Schweden

Nordlicht Sprachreisen GmbH
Frau Dr. Sylvia Engel
Weidendamm 16
21109 Hamburg

Malmö, 10.01.2013

Sehr geehrte Frau Dr. Engel,

die auf Ihrer Homepage ausgeschriebene Position hat meine besondere Aufmerksamkeit erregt, da ich gerade eine neue berufliche Herausforderung in einem nordeuropäischen Umfeld suche.

Ihre Anforderungen erfülle ich durch zehnjährige Berufspraxis bei internationalen Austauschorganisationen. Regionaler Schwerpunkt meiner derzeitigen Tätigkeit ist Schweden. Als Programm-Koordinatorin bin ich für den gesamten Ablauf der Programme verantwortlich, wobei der Schwerpunkt in der Kundenbetreuung liegt. Meine frühere Tätigkeit als Exportassistentin sowie das Studium der europäischen BWL stellten dafür ausgezeichnete Voraussetzungen dar.

Besonderes Kommunikationsvermögen, Belastbarkeit und Organisationstalent haben mir Kollegen und Vorgesetzte häufig bestätigt. Aufgrund meiner guten Englisch- und Schwedischkenntnisse kann ich auch mit Norwegern und Dänen kommunizieren.

Ich freue mich sehr auf die Gelegenheit, mich persönlich mit Ihnen auszutauschen.

Mit freundlichen Grüßen

Sandra Meiner

Anlagen

Unser Kommentar

Sandra Meiner hat für ihre Bewerbung das Querformat gewählt, garantiert ein Hingucker! Die Bewerberin beginnt ihr Anschreiben mit einer zartgrauen Linie größerer Punkte, in die sie den Zweck dieses Briefes integriert hat (statt Betreffzeile). Der zweispaltige Druck ist gut lesbar und wirkt professionell. In wenigen, gut formulierten Sätzen legt Frau Meiner überzeugend dar, warum sie eine wirklich geeignete Kandidatin ist. Für die Qualifikation von besonderer Bedeutung sind ihre Sprachkenntnisse, weshalb sie diese bereits im Anschreiben näher ausführt. Ihr letzter Satz zeugt nicht nur von gesundem Selbstbewusstsein, sondern knüpft in der Wortwahl auch an ihren Arbeitsbereich an.

BESONDERS KREATIVE GESTALTUNGSIDEEN

Lebenslauf · Sandra Meiner

Sandra Meiner
Möllegatan 4
21420 Malmö/Schweden

Tel. 0046 40 755 99 31
E-Mail: sandra-meiner@gmx.net
geb. 10.01.1973 in Brome, ledig

Berufliche Erfahrungen

04.2009–03.2013	DEE Exchange EU GmbH, Malmö		03.2003–12.2008	DAAD, Berlin
	Programm-Koordinatorin			**Assistentin des Geschäftsführers**
	(Schwangerschaftsvertretung)			Organisation, Beratung von Kunden, Vertragsgestaltung und -abwicklung
	• Beratung von Bewerbern für Austauschstudien in Schweden			
	• Organisation und Durchführung von Vorbereitungs-Workshops		08.1994–12.2001	Inger Lloyd, Bremerhaven
	• Kontakt mit deutschen und schwedischen Universitäten			**Exportassistentin**
	• Konferenzen, Berichte und Statistiken			Verkaufsabwicklung, Kontrolle des Zahlungsverkehrs, Kundenbetreuung

Lebenslauf: An das ungewöhnliche Format hat sich das Auge immer noch nicht richtig gewöhnt, da erblicken wir das Foto der Kandidatin – auch im Querformat. Die Alternative (links) ist dagegen sehr brav und nicht gerade ein Hingucker. Die offenen Haare verdecken die Kandidatin stark. Vielleicht gefällt Ihnen ein anderes Motiv besser, das wir auf der übernächsten Seite präsentieren.

Lebenslauf • Sandra Meiner

Ausbildung

10.2005 – 03.2006	Schwedisch- und Englischkurse Sprachenatelier Berlin
1994 – 1997	Diplom (FH) Europäische BWL Europäische Fernhochschule Hamburg
1994	Fachhochschulreife Abendgymnasium Bremen
1989 – 1992	Abgeschlossene Ausbildung zur Außenhandelskauffrau, Bremerhaven
1989	Realschulabschluss, Brome

Auslandsaufenthalte

seit 04/2009	Schweden: Berufstätigkeit mit Sprachpraxis
01. – 11.2002	Schweden, Dänemark, Norwegen: Jobs, Familienbesuche, Sprachpraxis
07. – 10.1997	Großbritannien: Reisen, Sprachpraxis

Sprachkenntnisse

Englisch	verhandlungssicher
Schwedisch	fließend
Französisch	Grundkenntnisse

EDV-Kenntnisse

Bürosoftware	MS Word, Excel, Access, Outlook, Project, Power Point
Internet	Internet Explorer, Dream Weaver

Freizeitinteressen

Kultur	Kino, Off-Kultur
Sport	Badminton, Windsurfen

Malmö, 10.01.2013

Sandra Meiner

Im Lebenslauf wird die gepunktete Linie vom Anschreiben aufgenommen. Durch Angaben im ersten Block ihrer Berufspraxis signalisiert Frau Meiner, dass ihre Stelle befristet und sie deshalb besonders motiviert ist, etwas Neues zu finden. Wie es für die Seitenaufteilung vorteilhaft ist, erläutert sie diese aktuelle Stelle wesentlich detaillierter als die vorherigen. Bei ihren beruflichen Stationen gibt sie den Arbeitgeber zuerst an, betont aber ihre Tätigkeit durch Fettschrift. Auf der zweiten Seite finden wir Informationen zu Ausbildung, den wichtigen Auslandsaufenthalten sowie zu Kenntnissen und Interessen.

BESONDERS KREATIVE GESTALTUNGSIDEEN

Anlagen · Sandra Meiner

Arbeitszeugnisse

DEE Exchange EU GmbH, Malmö	**Programm-Koordinatorin** (Zwischenzeugnis)
DAAD, Berlin	**Assistentin des Geschäftsführers**
Inger Lloyd, Bremerhaven	**Exportassistentin**

Ausbildungszeugnisse

Europäische Fernhochschule Hamburg	**Diplom (FH) Europäische Betriebswirtschaftslehre**
Abendgymnasium Bremen	**Fachhochschulreife**
Themann & Söhne Export GmbH, Bremerhaven	Ausbildung zur Außenhandelskauffrau

Referenzen

DEE Exchange GmbH	Sven Nyberg (Geschäftsführer) EU Carl Gustafs väg 20 21420 Malmö/Schweden Tel. 0046 40 9323 1298 E-Mail: sven@dee.exchange.com
Deutscher Akademischer Austauschdienst DAAD	Dr. Arno Hinz (Referatsleiter) Markgrafenstraße 37 10117 Berlin Tel. 030 204 12 674 E-Mail: drarnohinz@daad.de
Ev. Markusgemeinde	Henriette Calau (Pfarrerin) Lange Straße 4 27580 Bremerhaven Tel. 0471 44 92 45

Hier haben wir noch ein weiteres Foto der Kandidatin. Je nach Job und Position ist das eine dem anderen vielleicht überlegen. Das ist aber auch stark geschmacksabhängig.

Einschätzung: Diese Bewerbung vereint kreative optische Anreize, inhaltliche Argumente und einen übersichtlichen Aufbau. Sie wird einen oberen Platz im Bewerbungsstapel einnehmen!

Außergewöhnliche inhaltliche Formen

Neben den kreativen optischen Gestaltungsmöglichkeiten gibt es auch originelle inhaltliche Optionen, sich und seine Fähigkeiten auf besondere Weise darzustellen.

Ein fiktives Interview mit sich selbst ist eine gute optische Darstellung mit ebenso aufschlussreichen Fragen wie Antworten – kurz, aber originell und vor allem sehr informativ. Sie interviewen sich selbst und präsentieren dieses Gespräch in der Art einer Zeitungsmeldung (Artikel).

Dasselbe gilt für einen (auf ein Stellenangebot hin konzipierten) Fragebogen. Eine Bewerbung in Form einer Rede kann je nach Branche und Stellenprofil eine launige Präsentation der eigenen Fähigkeiten sein, genauso gut aber auch in ernsthafter Form das analytische Verständnis des Bewerbers für fachliche Zusammenhänge und mögliche Probleme und deren Lösungen erkennen lassen.

Wer über ein ausgeprägtes Verkaufstalent verfügt, könnte das mit einer Angebotsbewerbung unter Beweis stellen. Das „Produkt" ist in diesem Fall die eigene Arbeitskraft – die Lösung aller Probleme, die Steigerung von Qualität und Produktivität, kurz und prägnant an den Mann gebracht. Beipackzettel von Medikamenten dienen als Inspirationsquelle für Gebrauchsanweisungs-Bewerbungen. Seine Fähigkeiten fast man dann unter „Anwendungsgebiet" zusammen, und vielleicht gibt es auch „Dosierungsanweisungen".

Was halten Sie von einer Bewerbung, die als IKEA-Zusammenbau-Anleitung (kein Text, nur Bilder!) konzipiert ist? Sie können Ihre Bewerbung aber auch als Rezept oder Speisekarte präsentieren – sowohl was die Gestaltung als auch was das verwendete Vokabular angeht.

Überprüfen Sie bei diesen doch recht ungewöhnlichen Vorschlägen jeweils: Erzielt die Form den gewünschten Effekt, kommen die Botschaften beim Empfänger richtig an, ist der Empfänger dafür geeignet und last but not least: Fühlen Sie sich damit wohl?

Zielgruppe: Bis zu einer Einkommensgrenze von 40.000 € p. a. Nicht in konservativen Branchen wie Banken, Versicherungen, öffentlicher Dienst, Polizei oder Justiz.

Achtung: Passt das zu Ihrer Zielgruppe, erreichen Sie damit wirklich Ihr Kommunikationsziel?

■ ■ ■ ■ ■ ■ □ □ □ □
niedrig   **Risiko: 6–10**   hoch

BESONDERS KREATIVE GESTALTUNGSIDEEN

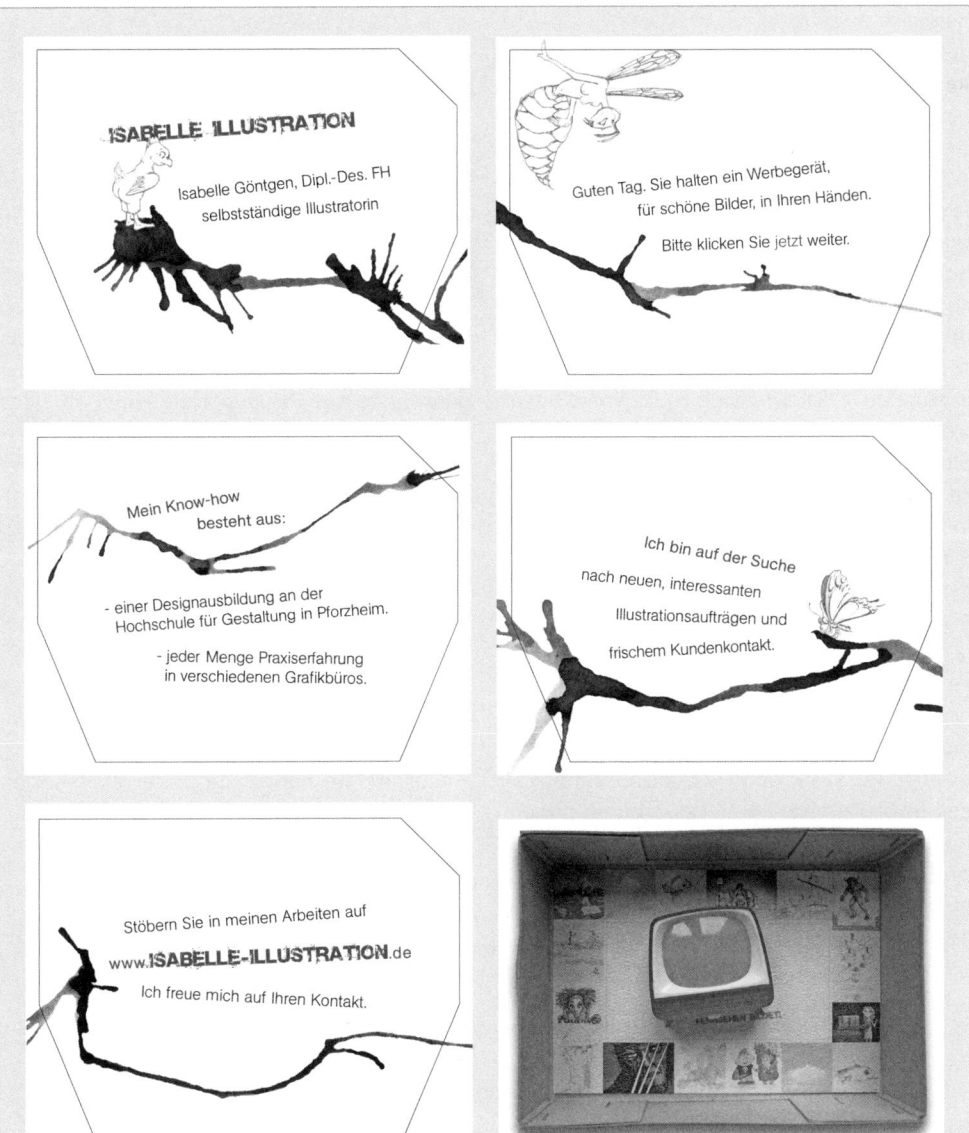

Beispiel
Ein Beispiel für eine außergewöhnliche initiative Bewerbungsform sehen Sie im Anschluss. Die Illustratorin Isabelle Göntgen *(www.isabelle-illustration.de)* verschickte einen kleinen Spielzeugfernseher. Man kann durch ein Loch sehen und sich durch verschiedene Bilder durchklicken. Vielleicht kennen Sie das noch aus Ihrer Kindheit.
Wir zeigen Ihnen hier die Verpackung und den Fernseher sowie einige der Abbildungen ihres Profils und des Arbeitsangebots. Eine tolle Idee.

Besondere Überraschungseffekte

Mögliche Bestandteile des Deckblatts
- Name
- Beruf oder Berufswunsch
- Kontaktdaten von Adresse bis E-Mail
- als Überschrift: „Bewerbungsunterlagen für (Unternehmen, Ansprechpartner, evtl. Adresse) von (Ihre Kontaktdaten)"
- Foto
- Unterschrift
- Datum/Ort und Datum

Add-on-Strategien (engl. to add on: hinzufügen) verblüffen den Empfänger Ihrer Bewerbung durch das gewisse „Etwas mehr". Die folgenden Vorschläge gehören nach den vorgestellten Ästhetik-Überraschungen zu den zweitstärksten Methoden, Ihre Unterlagen deutlich aufzuwerten. Schauen Sie sich die vielfältigen Möglichkeiten vom schön gestalteten Deckblatt über die aussagekräftige Dritte Seite bis zu geschickt genutzten Betreff- und PS-Zeilen an und entscheiden Sie, was zu Ihnen und Ihrer Zielgruppe passt. Es lohnt sich! Ein besonders gelungenes Beispiel für das Nutzen diverser Add-on-Strategien zeigen wir Ihnen ausführlich ab S. 83, wo wir Ihnen die Unterlagen von Marc Sander präsentieren.

Ihre Bewerbungsunterlagen – sehen wir mal von der Verpackung ab – beginnen mit einer ersten Seite, wenn wir das Anschreiben, das oben lose auf Ihrer Bewerbungsmappe aufliegt, außer Acht lassen. Möglicherweise sind es Ihre persönlichen Daten (Name, Geburtsdatum, Anschrift etc.), die den Start bilden. Sie können aber auch anders beginnen ...

Startvorschläge

Das Deckblatt

Lassen Sie den Leser nicht direkt in den Lebenslauf „fallen". Wie bei einem Buch, das nicht sofort mit dem Inhaltsverzeichnis beginnt, hat das Deckblatt die Funktion eines Titelblatts, welches Sie ganz unterschiedlich gestalten können.

Es soll den Einstieg erleichtern und neugierig auf das machen, was anschließend kommt. Bisweilen sieht der Betrachter bereits das Foto des Bewerbers hinter der Deckblattseite durchschimmern. Natürlich können Sie auch schon auf dieser Seite Ihr Foto (eventuell mit Ihrer Unterschrift, einem Zitat, einem Motto oder einem persönlichen Leitspruch) präsentieren.

Zeigen Sie bereits an dieser exponierten Stelle, dass den Leser etwas Besonderes erwartet.

Zielgruppe: Für alle. Überall, jede Größe und Position.

Achtung: Die Deckblattseite sollte weder zu voll noch zu leer wirken.

niedrig **Risiko: 3–6** hoch

BESONDERE ÜBERRASCHUNGSEFFEKTE

BEWERBUNGSUNTERLAGEN

Managementnachwuchs-Trainee

Maria Mayer, Dipl.-Ing. (FH)
(Förder- u. Lagertechnik)
Calvinstr. 20
28101 Bremen
Tel. 0412 122112

Bremen, 20.02.2013

1/4

Hier zeigt das **Deckblatt** schon das Foto, sogar mit Unterschrift und Datum.

Eine schlichte, saubere Gestaltung, ohne grafische Raffinesse. Der Absender gibt neben seiner Adresse und Telefonnummer gleich seine Berufsbezeichnung an.
Eine wunderbare, sehr starke Kombination von wichtigen Persönlichkeitsmerkmalen. Sie können hier auch ein ganzes Profil Ihrer Wesensart anbieten oder dies mit Leistungsmerkmalen kombinieren. Ihrer Fantasie sollen keine Grenzen gesetzt werden – wenn es zu Ihnen und Ihrer Empfänger-Zielgruppe passt.
Auch vorstellbar: Der Bewerber unterschreibt an dieser Stelle und wirbt mit der Persönlichkeitsnote Handschrift.

Es gibt auch Gegner eines Deckblatts, die darin Platz-, Zeit- und Ressourcenverschwendung sehen.
Aber: Wo sich Befürworter finden, stellen sich auch immer gerne Gegner ein. Wir teilen diese Argumente nicht, finden ein Deckblatt höchst sinnvoll. Aber urteilen Sie selbst. Man kann es nicht allen recht machen!

Eine Inhaltsübersicht

Eine weitere Variante, die Aufmerksamkeit des Empfängers zu wecken, ist die Inhaltsübersicht. Wir kennen sie aus jedem Buch. Sie hat die Funktion, den Leser darüber zu informieren, was ihn inhaltlich auf den nächsten Seiten erwartet. Die Inhaltsübersicht folgt auf das Deckblatt und ermöglicht somit eine schnelle Orientierung, zeigt dem Leser Ihrer Unterlagen gleich zu Beginn überblickartig, wo was zu finden ist. Sie lohnt sich jedoch kaum für Mappen, die lediglich fünf bis acht Seiten (inkl. Anlagen) stark sind. Entscheiden Sie, ob Sie diesen Überblick auf einer Extraseite präsentieren oder auf dem Deckblatt integrieren wollen.

Zielgruppe: Für erfahrene Bewerber mit einer großen Menge an Unterlagen, v. a. in Banken, Versicherungen, öffentlicher Dienst, Wissenschaft, Medizin oder Kultur-/Medienberufe.

Achtung: Nicht zu sehr ins Detail gehen.

niedrig   **Risiko: 6–7**   hoch

Die Einleitungsseite

Statt gleich mit dem beruflichen Werdegang zu beginnen, kann die Einleitungsseite mit oder ohne Bewerberfoto und den persönlichen Daten eine Art Vorschau bilden, die den Leser kurz mit den wissenswerten Essentials über den Bewerber, mit Kompetenz- und Leistungs-Schwerpunkten und mit beruflichen Highlights bekannt macht.

Zielgruppe: Alle, wirklich alle!

Achtung: Produzieren Sie nicht zu wenig passenden bzw. zu viel unpassenden Text.

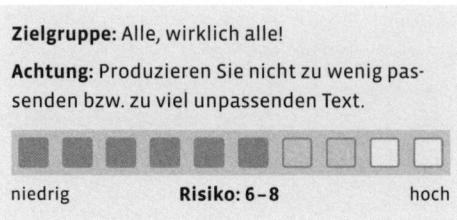

niedrig   **Risiko: 6–8**   hoch

Ihre persönlichen Daten mit Ihrem Foto

Diese Seite hat die Funktion, den Bewerber persönlich vorzustellen. Folgende Angaben können dort platziert werden: Name, Beruf, Alter, Geburtsort, Familienstand, gegebenenfalls Kinder, Unterschrift unter dem Foto, die aktuelle berufliche Ausgangssituation. Es geht an dieser Stelle darum, die Bewerberpersönlichkeit textlich und optisch optimal zu präsentieren. Häufig werden auch Elemente aus den vorangegangenen Bausteinen auf dieser Seite thematisch ausgeführt.

Zielgruppe: Alle.

Achtung: Etwas Neues schaffen, ohne den Leser zu überfordern, nicht 08/15, langweilig oder lieblos.

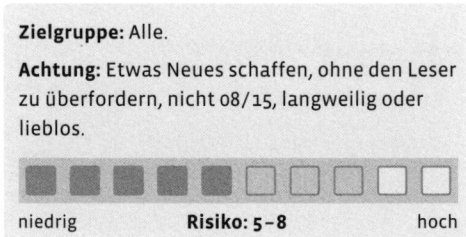

niedrig   **Risiko: 5–8**   hoch

BESONDERE ÜBERRASCHUNGSEFFEKTE

Sybille Sim   Hallerstr. 23   14567 Berlin   Tel.: 030 423476   E-Mail: sim@gmx.de

Bewerbungsunterlagen für die Relocation AG Berlin
Herrn Hans Christian Anders

Inhaltsübersicht

Persönliche Daten
Berufliche Schwerpunkte
Beruflicher Werdegang
Ausbildung
Sonstiges
Zu meiner Motivation
Anlagenverzeichnis
Anlagen

Nochmals zur Verdeutlichung

Ihre Bewerbungsunterlagen erobern keinen Arbeitsplatz. Das bleibt Ihnen persönlich vorbehalten. Aber ein guter papierener (oder auch digitaler) Auftritt kann Ihnen schon wesentlich dabei helfen. Denn: Sie wollen eine Einladung zum Vorstellungsgespräch. Das bedeutet, all Ihre Aktionen dienen vor allem einem Ziel: Interesse an Ihrer Person, an Ihren Fähigkeiten und damit an Ihren Problemlösungsqualitäten zu wecken. Man soll Ihnen zutrauen, bestimmte Arbeitsaufgaben besser als andere Mitbewerber lösen zu können.

Ein außergewöhnlicher, sehr informativer Einstieg mit einer klaren Aussage als Überschrift. Wenn hier ein Gehaltswunsch angegeben wird, so kann das eine Forderung in der Anzeige gewesen sein. Freiwillig sollten Sie mit diesen Angaben sehr vorsichtig und zurückhaltend umgehen (besser ist es, eine Spanne anzugeben).

Timo Berning • Musterstraße 94 • 55430 Oberwesel • Tel. 0201 123456

Überblick

Personendaten	Alter	38 Jahre
	geboren am	11. Juli 1974 in Marburg
	Familienstand	Verheiratet, zwei Kinder
Werdegang	letzte Tätigkeit	Kurdirektor Bad Wesel
	Berufsausbildung	Betriebsassistent Hotellerie
	Schulabschluss	Abitur/US-High-School-Diplom
Aktuelle Situation	Kurdirektor	Leitungsmanagement
Kenntnisse	Fremdsprachen	Englisch fließend
		Französisch gut
	Ausbilderprüfung	
	PC mit gängiger Software	
	Führerschein Klasse B	
Interessen	Sport: Reiten, Jogging	
	Werbung und Gestaltung	
	Psychologie	
Gehaltswunsch	um 40.000 Euro p.a.	

 Resümee

BESONDERE ÜBERRASCHUNGSEFFEKTE

Stefan Pröll, Diplom-Betriebswirt, Mommsenstr. 73, 10629 Berlin

Stefan Pröll

Mommsenstr. 73
10629 Berlin

Tel.: 030 8814903
E-Mail: sproell@aol.de
geboren am 13. August 1972 in Berlin
ledig, keine Kinder

Resümee
Berufliche und persönliche Kenntnisse, Erfahrungen und Fähigkeiten

IBN
Vom Trainee bis zum Gebietsleiter (Umsatz 8 Mio. €) habe ich mir, aufbauend auf dem Studium der Betriebswirtschaft, wichtige Kenntnisse und Fertigkeiten in der freien Wirtschaft angeeignet.

USA
Auslandserfahrung, mit Abschluss eines „High School Diploma", hat meinen Horizont wesentlich erweitert.

ZIEL
Zu meinen wichtigen persönlichen Eigenschaften gehört das Vermögen, mir Ziele zu setzen und diese dann gemeinsam mit meinen Partnern zu erreichen.

Neben den persönlichen Daten ist ein berufliches Resümee als eine geschickte Werbebotschaft verpackt. Das macht Lust auf mehr und kreiert ein ganz besonderes Bild vom Kandidaten.

Nach diesen Auswahlkriterien werden die zahlreich eingehenden Bewerbungsunterlagen aussortiert: *Wo ist die Eier legende Wollmilchsau, der Erlöser, der Heilsbringer, das Genie?*
Im Ernst: Wer gibt berechtigte Hoffnung, die Anforderungskriterien einigermaßen zu erfüllen? Dabei geht es schon auch um den Kick: Wer schafft es, sich positiv aus der Masse abzuheben und beim Auswähler Interesse, vielleicht sogar Neugier zu wecken?

Weitere Beispiele finden Sie unter
www.berufsstrategie-plus.de.

www.

Profil

Ihrem Profil kommt eine ähnlich wichtige Bedeutung zu wie Ihrem Lebenslauf. Es hat jedoch die Funktion, in aller Kürze dem Leser Ihr besonderes Nutzenangebot, Ihre Problemlösungsfähigkeit zu vermitteln. Dabei geht es um Ihre spezielle Kompetenz, hohe Leistungsmotivation und besondere Persönlichkeit, damit ein Personalentscheider sicherer abschätzen kann, ob er Ihnen neue Aufgaben zutrauen kann.

Zum Inhalt: Ihr Profil bildet die wichtigsten „Marker" ab, die erkennen lassen, dass Sie für die zu besetzende Position die richtige Person sind. Es sollte also sehr genau auf die Position, auf die Sie sich bewerben, oder die Probleme, die Sie bevorzugt lösen wollen (bei einer Initiativbewerbung), ausgerichtet sein.

Zum Umfang: Alles, was Sie für diese Aufgaben besonders qualifiziert, muss zu Papier gebracht werden. Alles andere lassen Sie weg. Auch an dieser Auswahl erkennt man, mit wem man es zu tun hat! Ihr Profil sollte deshalb so kurz wie möglich sein!

Zur Form: Unter der Überschrift Profil empfiehlt sich z. B. ein zweispaltiger Aufbau, dessen Abteilungen durch linksausgerichtete Überschriften geprägt sind und deren inhaltliche Ausführung rechts daneben stattfindet. Übrigens: Es ist nicht üblich, das Profil zu unterschreiben.

Neben Ihrem **Angebots-Profil** existiert auch Ihr **Such-Profil**. Beispielsweise: 30-Stunden-Woche, nur im Raum XY, Jahreseinkommen nicht unter 40.000 €, kleines Team bevorzugt, schnelle Entscheidungen, flache Hierarchie, hohe Eigenverantwortung, Selbstständigkeit …

Mögliche Themen im Profil
- Vor- und Zuname, Geburtsdatum /-ort
- Berufsbezeichnung
- Kontaktdaten (nur die wichtigsten)
- Ausbildungshintergrund
- Schwerpunktkenntnisse und Erfahrungen
- durchgeführte Projekte und erzielte Erfolge
- berufliche Auslandsaufenthalte
- Weiterbildung und Seminare
- Mitgliedschaften in Verbänden und Fachgremien
- Engagement, Interessen
- Sprachkenntnisse
- EDV-Kenntnisse
- Führerscheine/Lizenzen
- Veröffentlichungen, Vorträge
- Lehr- und/oder Prüfungs- und/oder Gutachtertätigkeit
- Hobbys/Interessen/Engagements

Zielgruppe: Alle bis etwa 150.000 € p. a.

Achtung: Wirklich wichtige Infos über Sie – das ist es, was zählt.

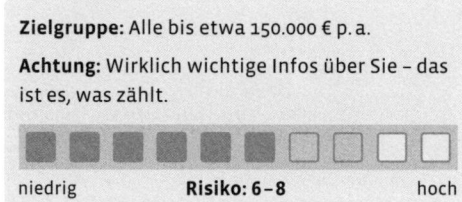

niedrig **Risiko: 6–8** hoch

BESONDERE ÜBERRASCHUNGSEFFEKTE

Bewerbung als Marketingassistentin von Christine Lingner

***Zuallererst
etwas über meine Fachkenntnisse und
praktischen Erfahrungen***

Marketing / Öffentlichkeitsarbeit

- Planung verkaufsfördernder Maßnahmen
- Konzeption und Gestaltung von Broschüren und Präsentationen für Messestände, Kundenveranstaltungen etc.
- Vorbereitung und Strukturierung von Unterlagen für Vorträge und Kundenbesuche
- Organisation von Veranstaltungen
- Marktdatenerhebungen und -auswertungen

Wirtschaft und EDV

Betriebswirtschaftliches Studium
Umfangreiche Kenntnisse in der PC-Anwendersoftware unter
Windows XP/7, Apple Macintosh, Mac-OS
Konzeption und Durchführung von Anwenderschulungen für neue Mitarbeiter
Verwaltung der online verfügbaren Dokumentationen
Mitarbeit an der Entwicklung eines Programms für statistische Auswertungen

Projektarbeit

Planung und Organisation eines interinstitutionellen Medienprojekts
Projektüberwachungsaufgaben (Terminüberwachung, Kostenkontrolle)
Koordinierungsaufgaben

An den Anfang gesetzt, eventuell nach einem Deckblatt, kann man so die Aufmerksamkeit des Lesers lenken und ein **Profil** von sich vermitteln.

Weitere Beispiele finden Sie unter
www.berufsstrategie-plus.de.

www.

Anlagenverzeichnis

Dieser Zusatz ist einfach, aber sehr effektiv. Platziert hinter den Lebenslaufseiten vermittelt diese Seite dem Empfänger einen Überblick darüber, mit welchen beigefügten Unterlagen Sie ihn „schwarz auf weiß" beeindrucken wollen. Es geht um die Auflistung der üblicherweise im Anhang mitgelieferten Fotokopien von Ausbildungsabschlüssen, Fortbildungszertifikaten und Arbeitszeugnissen. Wenn Sie lediglich drei Papiere dieser Art Ihren Unterlagen beizulegen haben, ist ein Anlagenverzeichnis nicht nötig und wirkt nur übertrieben. Da es aber häufig schon bei noch relativ jungen Bewerbungskandidaten um zehn bis zwanzig unterschiedliche Dokumente geht, ist es sehr lesefreundlich und auch in Ihrem eigenen Interesse, wenn Sie einen schnellen Überblick in Form eines Anlagenverzeichnisses geben und darin schon die entsprechenden großen Rubriken aufführen.

Zusätzlich dient es der besseren Orientierung, und der Leser stößt vielleicht in der Übersicht darauf, dass Sie an einer bestimmten Uni Ihren Abschluss gemacht haben, eine spezielle Weiterbildung absolvierten, bei einem dem Leser bekannten Arbeitgeber beschäftigt waren – und nun kann er schneller das für ihn besonders interessante Dokument aufschlagen und lesen.

Die unterschiedlichen Rubriken dürfen Sie frei definieren, und selbst die Abfolge bleibt Ihnen weitestgehend überlassen. Sie könnten also auch mit Referenzen starten, obwohl Arbeitszeugnisse eigentlich den Kern Ihrer beigefügten Anlagen ausmachen sollten. Farbige Zwischenblätter können die einzelnen Rubriken nochmals deutlich voneinander abgrenzen. Jedes Zwischenblatt kann erneut mit einer Inhaltsübersicht der nun folgenden Blätter versehen sein.

Mögliche Reihenfolge der Anlagen:
1. Arbeitszeugnisse (das neueste vorn)
2. Weiterbildungsnachweise (ebenso sortiert)
3. Ausbildungs- und Schulabschlusszeugnisse

Zielgruppe: Alle, außer junge Kandidaten ohne Erfahrung.

Achtung: Auf Übersichtlichkeit und Systematik achten, bitte auch nicht zu viele Anlagen anbieten!

niedrig **Risiko: 6–8** hoch

BESONDERE ÜBERRASCHUNGSEFFEKTE

Anlagen / Inhaltliche Gliederung:

Arbeitszeugnisse / Referenzen:

- Hotel „Weingut König", Trier
- „ABC"-Hotel GmbH, Berlin
- Hotel „Astro", Wiesbaden
- Hotel-Restaurant „Poch", Bellingen
- REWE-Süd-Großhandel, Spellbach
- Hotel-Restaurant „Rössle", Waldenburg
- Hotel „Hirsch", Fellbach
- Dienstzeugnis Bundeswehr
- Höhenhotel „Berghaus", Wesslingen / Neckar

Seminare / Praktika:

- Grundkurs Excel
- Grundkurs Windows
- Produkt-Marketing und -Werbung
- Controlling
- Strategische Unternehmensführung
- Anerkannter Fachberater für Deutschen Wein
- Praktikumszeugnis Hotel „Astro"
- Praktikumszeugnis Hotel „v. Korff"

Schulzeugnisse:

- Hotelwirtschaftsschule, Berlin
- Ausbildereignungsprüfung, IHK Berlin
- Berufsoberschule, Bellingen
- Fachgehilfenbrief zum Koch

Es gibt viele Möglichkeiten, das **Anlagenverzeichnis** übersichtlich zu gestalten. Entscheidend bleibt, dass Sie eins anbieten. Das ist sehr lesefreundlich und zeigt Ihr gutes Organisationstalent.

Ein weiteres Beispiele finden Sie unter *www.berufsstrategie-plus.de*.

www.

Alternative Möglichkeiten:
- besondere Arbeitsschwerpunkte oder Projekte
- Skizzierung von besuchten Fortbildungsveranstaltungen
- Extraseite mit der Auflistung von Publikationen

Beispiele für die Überschrift:
- Zu meiner Bewerbung
- Meine Motivation
- Warum ich mich bewerbe
- Zu meiner Person
- Was Sie noch wissen sollten
- Ich über mich
- Was mich qualifiziert
- Warum ich?

Dritte Seite

Überraschen Sie Ihre Leser, indem Sie eine Dritte Seite beifügen. Beim Blättern in Ihren Unterlagen stößt der Personalchef oder Entscheider auf die unerwartete Seite, etwa mit der Überschrift: „Was mir wichtig ist" oder „Was Sie noch wissen sollten". Was mag sich wohl dahinter verbergen?

Diese zusätzliche, sich an den Lebenslauf anschließende Extraseite ist immer noch recht ungewöhnlich. Der Empfänger Ihrer Botschaft wird sie bestimmt sehr aufmerksam lesen und zur Kenntnis nehmen. Wem es an dieser Stelle gelingt, in wenigen kurzen Sätzen das richtige Bild zu vermitteln, darf – wenn die anderen Eckdaten stimmen – mit einer Einladung zum Vorstellungsgespräch rechnen. Bisweilen wird immer noch eine Handschriftenprobe verlangt (s. S. 76), und manche Kandidaten schreiben dann offensichtlich in Ermangelung einer kreativen Idee skurrile Texte aus der Zeitung ab, was auch eine Art Dritte Seite darstellt, aber leider ziemlich unglücklich wirkt. Ein individueller Text über Ihre Fähigkeiten und Stärken wäre sicherlich die bessere Lösung. Unsere Dritte Seite kann zusätzlich oder alternativ verwendet werden und transportiert die entscheidenden Argumente, warum Sie als Bewerber unbedingt in die engere Auswahl gehören. Und auch deshalb lohnt es sich, einen genauen Plan zu machen, was man vermitteln will.

Die Gestaltungsdetails

Zum Papier: Sie haben die Wahl. Sie können das gleiche Papier nehmen wie für die vorangegangenen Seiten (Stichwort Einheitlichkeit). Sie könnten aber auch ein farblich anderes oder ganz besonders wertvolles Papier auswählen und damit Ihrer gut getexteten Dritten Seite eine besondere Bedeutung geben.

Zur Überschrift: Sie hat die Funktion, zu überraschen, Interesse, besser noch Neugierde zu wecken, und soll inhaltlich kurz aussagen, worum es geht. Der Kreativität sind dabei fast keine Grenzen gesetzt. Überschrift und Text sollten aber gut zueinander passen! Eventuell verfassen Sie sogar die Titelzeile handschriftlich. Am besten bringen Sie zunächst die zu vermittelnde Botschaft zu Papier und formulieren dann die geeignete Überschrift.

Zum Umfang: Sie haben etwa 7 bis maximal 15 Zeilen zur Verfügung; das ist der entscheidende Platz, Ihre Person entsprechend vorzustellen. Der Umfang Ihrer Seite sollte möglichst 60 Anschläge nicht überschreiten. Verwenden Sie die übliche Schriftgröße, damit der Empfänger keine Mühe mit dem Lesen hat.

Zum Inhalt: Was ist Ihre Botschaft, was sind Ihre Argumente, mit der Sie beim Empfänger Interesse und Sympathie auslösen? Thematisch kommen Aussagen zu Ihrer Person, Motivation und Kompetenz infrage. Versuchen Sie aber bloß nicht, zu viele Informationen auf diese eine Seite zu pressen, das kann eher einen nachteiligen Eindruck erzeugen.

Tobias Dauerwald, Stillerzeile 55, 12587 Berlin, Telefon: 030 1117989

Warum ich mich bewerbe?

Die Fähigkeit zum konzeptionellen Arbeiten und mein Organisationstalent habe ich besonders beim Aufbau einer neuen Abteilung Prozesssteuerung mehrfach unter Beweis gestellt. Ich bin es gewohnt, selbstständig und im Team zu arbeiten, und weiß, dass meine bisher gezeigte Einsatzbereitschaft und kreative Flexibilität beim Lösen unterschiedlichster Problemfälle erfolgreich war.

Engagement und Belastbarkeit gehören zu meinen bedeutendsten Persönlichkeitsmerkmalen. In einem für die Kreativität förderlichen Unternehmensklima konnte ich mit innovativen, kostenbewussten und termingerechten Lösungen überzeugen. Teamkollegen schätzen meine Hilfsbereitschaft und die Fähigkeit, neue Sachverhalte schnell zu erfassen und umzusetzen.

Als praxiserprobter Ingenieur vom Fach beherrsche ich alle „Register", von der Improvisation bis zur Perfektion, in der Verantwortung für die Sicherheit von Technik und Umwelt.

... um etwas zu bewegen!

Berlin, 19. März 2013

Tobias Dauerwald

Die Dritte Seite. Ein netter Aufmacher, und trotzdem: Alles bleibt Ihrem persönlichen Geschmack überlassen. Wir wissen, wie erfolgreich dieser Text in der Realität gewirkt hat.

Es gibt Fans und Befürworter, aber auch Gegner einer Dritten Seite. Bilden Sie sich selbst ein Urteil, und vor allem: Texten Sie gut. Denn das ist der entscheidende Punkt: Ein sehr guter Text spricht für Sie, ein schwacher kann eine Absage beschleunigen.

Noch pointierter geht es kaum. Der Kandidat, der sich so präsentierte, hatte großen Bewerbungserfolg: auf sechs Bewerbungen fünf Einladungen zu Vorstellungsgesprächen.

Übrigens muss dieser Text nicht immer unterschrieben werden. Entscheiden Sie, was Ihnen besser gefällt.

Stefan Pröll,   Diplom-Betriebswirt,   Mommsenstr. 73,   10629 Berlin

Wie ich wurde, was ich bin

Meine privaten und beruflichen Aufenthalte in angelsächsischen Ländern, wie den USA und Australien, prägten nachhaltig meinen Wunsch, in einem amerikanisch geführten Unternehmen zu arbeiten.

In elf Jahren vielseitiger IBN-Erfahrung, zunächst als Trainee und später als Gebietsleiter im Vertrieb, konnte ich mir einen sehr guten Überblick über das Zusammenspiel der verschiedenen Bereiche in einem Unternehmen erarbeiten. Mit Kundenkontakten auf jeder Ebene, Verkauf und Logistik bin ich bestens vertraut. Umsatz- und Marketingziele sind für mich persönliche Herausforderungen, denen ich mich gern und mit hohem Engagement stelle.

Teamgeist, Durchsetzungsvermögen und Lernbereitschaft kennzeichnen mich ebenso wie meine Fähigkeit, guten Kontakt zu Mitmenschen aufzubauen, um gemeinsam mit ihnen etwas zu bewegen und zu erreichen.

BESONDERE ÜBERRASCHUNGSEFFEKTE

Inhaltlich darf die von Ihnen gewählte Botschaft mit Aussagen im Anschreiben in Zusammenhang stehen, außerdem mit Daten aus dem Lebenslauf und mit Ihren Arbeitsplatzstationen. Ihr Statement darf etwas persönlicher, pointierter formuliert sein – ohne zu übertreiben.

Der Abschluss: Ob Sie mit königsblauer Tinte unterschreiben oder nicht (Ort, Datum?), steht Ihnen frei. Wir jedenfalls empfehlen es.

Zur Platzierung: Auch wenn die von uns genutzte Bezeichnung „Dritte Seite" (ursprünglich kommt sie aus dem Zeitungsbereich und steht dort für Hintergrundberichte) quasi ihre Position suggeriert, steht Ihnen die Platzierung frei. Ob nun nach dem Lebenslauf oder sogar davor als eine Art Einleitung, eventuell auch im Anlagenteil (möglichst am Anfang): Das ist Ihre Entscheidung.

Zielgruppe: Für alle, die tatsächlich eine pointierte Botschaft vermitteln, weniger geeignet für Besserverdiener ab etwa 50.000 € p. a.

Achtung: Auf einen guten, überzeugend wirkenden Text kommt es an, andernfalls verzichten Sie besser.

■■■■■□□□□□
niedrig   **Risiko: 5–8**   hoch

Sondererklärungen

Statt Dritter Seite dürfen Sie auch ein anderes Papier entwickeln und gezielt an ausgewählter Position Ihrer Bewerbungsunterlagen einsetzen. Ob Sie nun Passagen aus Ihren Arbeitszeugnissen, Dankes- und Anerkennungsschreiben, die Sie erhalten haben, oder sonstige positive Stimmen zitieren, bleibt Ihnen und Ihrer Dramaturgie überlassen. Oder nutzen Sie diese spezielle kommunikative Chance, um beispielsweise hinter einem schlechten Arbeitszeugnis (im Anlagenteil) Ihre persönliche Erklärung zu den Umständen abzugeben. Sie können Ihrem Leser auch vermitteln, warum Sie wiederholt nach sehr kurzer Zeit den Arbeitgeber erneut gewechselt haben. Lassen Sie aber gerade diese eher heiklen Fälle gegenchecken, bevor Sie sie Ihrer Mappe beilegen, damit sich der etwaige Vorteil nicht in einen Nachteil verwandelt.

Zielgruppe: Nicht für jeden. Dieses Papier muss sehr individuell gehandhabt werden. Eher für Einsteiger und Fachleute als für Führungskräfte.

Achtung: Glaubwürdigkeit berücksichtigen! Nur nicht alles entschuldigen oder erklären wollen.

■■■■■■■□□
niedrig   **Risiko: 7–9**   hoch

Eine **Dritte Seite** bietet Chancen, beinhaltet aber immer auch das Risiko, den Ton nicht zu treffen. Wenn Sie sich für die Dritte Seite entscheiden, texten Sie sehr sorgfältig und gut überlegt.

Handschriftenprobe

Was die Handschrift (angeblich) aussagt:
- Winkel (eckig): willens- und verstandesausgerichtet
- Girlande (kurvig): gefühlsbetont, verbindlich
- Arkade (bogenartig): zurückhaltend bis verschlossen, förmlich
- Fadenduktus (unbestimmte Schreibform): anpassungs- und wandlungsfähig

Nutzen Sie die Gelegenheit, Ihrer Bewerbung etwas Handschriftliches beizufügen – egal ob Sie das nun selbst initiieren oder der potenzielle Arbeitgeber eine Probe verlangt. Sie können z. B. auf einer Extraseite (nach dem Lebenslauf oder der Dritten Seite oder sogar auf dieser selbst) mit einigen gut platzierten Sätzen den Motiven Ihrer Bewerbung und Ihren angebotenen Qualitäten noch einmal Ausdruck verleihen. Nutzen Sie die zusätzlichen Zeilen für eine erneute Werbebotschaft in eigener Sache.

Den Lebenslauf in handschriftlicher Form anzufertigen, ist eine schwere Übung und wird – ob tabellarisch oder ausformuliert – den inhaltlichen Anforderungen meistens nur sehr schlecht gerecht. Außerdem kann es leicht Platzprobleme geben. Dennoch können Sie auch diese Möglichkeit wahrnehmen, dem Entscheider positiv aufzufallen. Voraussetzung: Sie haben eine schöne, interessante, gut lesbare Handschrift und brauchen nicht übermäßig viel Platz.

Sicherlich ist die Handschrift eines Bewerbers Ausdruck seiner Individualität und spiegelt Züge seiner Persönlichkeit wider. Es bleibt aber die Frage, was man der Handschrift wirklich entnehmen kann. Nicht wenige Personaler spielen sich dabei gerne als kompetente Grafologen auf. Nach dem Motto „Schlechte Schrift – schlechter Charakter" lassen sie die Bewerberschriftzüge auf sich wirken und versuchen, das Formniveau zu erfassen. Wenn Sie diese Form der Interpretation vermeiden wollen, sollten Sie die Menge an Handschriftlichem auf ein geringes Maß reduzieren (Anrede, Unterschrift, eine Überschrift etc.).

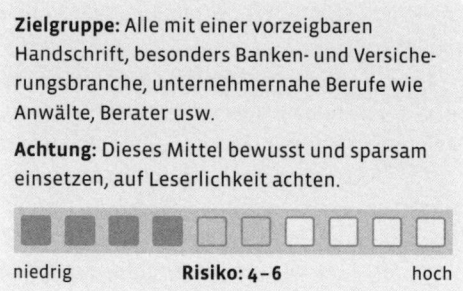

Zielgruppe: Alle mit einer vorzeigbaren Handschrift, besonders Banken- und Versicherungsbranche, unternehmensnahe Berufe wie Anwälte, Berater usw.

Achtung: Dieses Mittel bewusst und sparsam einsetzen, auf Leserlichkeit achten.

niedrig **Risiko: 4–6** hoch

Noch außergewöhnlicher ...

... ist eine komplett handschriftliche Bewerbung. Zugegeben nicht ganz einfach und nichts für jedermann. Aber im Zeitalter der digitalen Kommunikation und der super gestylten Bewerbungsmappen legen Sie einen wahnsinnigen Auftritt hin, wenn Sie auf etwa zwei handschriftlich geschriebenen Seiten Ihre Bewerbung (Anschreiben mit den wichtigsten beruflichen Daten kombiniert) abfassen. Natürlich hilft es dann besonders, wenn Sie auch noch auf Ihren eigenen Internetauftritt (Homepage) hinweisen können, wo sich alles Weitere findet. Sie werden erstaunt sein. Am besten eignet sich diese Methode für (kleine bescheidene) Jobs um die 20.000 € und wiederum für die ganz großen, so ab etwa 200.000 € Jahresbruttoeinkommen.

BESONDERE ÜBERRASCHUNGSEFFEKTE

Übrigens: Es muss nicht mal Ihre eigene Handschrift sein ...!

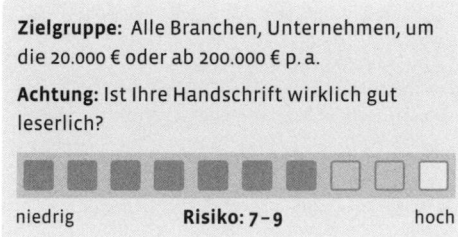

Zielgruppe: Alle Branchen, Unternehmen, um die 20.000 € oder ab 200.000 € p. a.

Achtung: Ist Ihre Handschrift wirklich gut leserlich?

niedrig　　Risiko: 7–9　　hoch

Referenzen und Empfehlungen

Wollen und können Sie jemanden benennen, der für Sie als Fürsprecher auftritt? Die Referenz kann Ihren Unterlagen schriftlich beigelegt werden oder Sie geben die entsprechenden Kontaktdaten Ihres Fürsprechers für eine etwaige telefonische Nachfrage an. Wer kommt dafür infrage? Nahe Verwandte sind nicht akzeptabel. Eher lässt sich Ihr zukünftiger Chef von einem Profi, der längere Zeit mit Ihnen zusammengearbeitet hat, beeindrucken. Es kann sich deshalb nur um Vorgesetzte handeln, in Ausnahmefällen um Personen mit öffentlich anerkannter Autorität.

Wenn Sie eine oder gar mehrere Personen kennen, die sich gerne positiv über Sie äußern möchten, kann das Ihre Bewerbung durchaus befördern. Sprechen Sie aber sicherheitshalber die Inhalte der Referenz vorher ab, damit diese auch ganz im Sinne Ihrer gesamten Bewerbung formuliert wird.

Bei einer Referenz gibt es ein paar Formalitäten zu beachten. Sie legen in Ihre Anlagen ein Extrablatt mit der Überschrift „Referenzen" und schreiben dann etwa Folgendes: „Die folgenden Personen sind bereit, über mich Auskunft zu geben ..." Jetzt folgen Name, Telefonnummer und/oder Adresse Ihrer Fürsprecher, möglichst auch die Position/Funktion dieser Person, eventuell wie lange diese Person Sie kennt und in welchen Zusammenhang (mein Ausbilder, Vorgesetzter von ... bis ... bei ..., Professor, bei dem ich meine Diplomarbeit geschrieben habe etc.). Zwei Beispiele finden Sie auf S. 78.

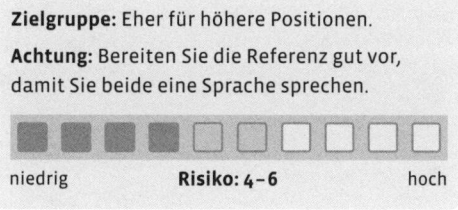

Zielgruppe: Eher für höhere Positionen.

Achtung: Bereiten Sie die Referenz gut vor, damit Sie beide eine Sprache sprechen.

niedrig　　Risiko: 4–6　　hoch

Referenzen und Empfehlungen

Referenz

Die Verkäuferin Sabine Schmidt, frühere Klagenfurt, geboren am 15. August 1963, ist mir seit 1990 persönlich bekannt. Sie arbeitete leider nur kurze Zeit in einem unserer Filialgeschäfte in der City, dann heiratete sie und gründete eine Familie. Trotz ihres Ausstieges aus dem Berufsleben hielten meine Frau und ich weiter zu ihr Kontakt und gelegentlich half Frau Schmidt in einem unserer Fachgeschäfte vertretungshalber aus.

Ich schätze die außerordentliche Liebenswürdigkeit, das immer optimistische Wesen von Frau Schmidt, die durch Ihren besonderen Umgang mit unseren Kundinnen viele Stammkunden für unser Geschäft gewonnen und über eine längere Zeit auch gehalten hat. Frau Schmidt verfügt über sehr fundierte, breite Fachkenntnisse und ist eine absolut vertrauenswürdige Person, der ich auch die Leitung eines Geschäftes mit Personal zutraue. Da ich bedingt durch mein Alter selbst nicht mehr geschäftlich tätig bin, kann ich Frau Schmidt keine ihr angemessene Aufgabe geben, sie jedoch jederzeit bestens als Fachverkäuferin empfehlen.

München, den 14. Januar 2013

Klaus Schlemmer

Köln, 30.01.2013

Herr Manuel Kaufmann bat mich um dieses Empfehlungsschreiben; seinem Wunsch komme ich gerne nach. Ich kenne Herrn Kaufmann seit etwa 15 Jahren und habe seine berufliche Entwicklung immer mit Interesse und Sympathie verfolgt. Seine beruflichen Erfolge, sein Weiterbildungsinteresse und nicht zuletzt sein soziales Engagement bei der Telefonseelsorge beeindrucken mich und zeigen mir, dass Herr Kaufmann ein ganz außerordentlich kluger wie engagierter Mensch ist. Über seine fachliche Kompetenz besteht kein Zweifel, seine vielen Auszeichnungen bestätigen das. Ich stehe gerne auch für ein Telefonat persönlich zur Verfügung und bin mir sicher, dass Herr Kaufmann die in ihn gesetzten Erwartungen zur besten Zufriedenheit erfüllen wird.

Charlotte Voigt

Rück-Antwortkarte

Sie wünschen sich eine Einladung zum Vorstellungsgespräch – oder zumindest ein Zeichen, dass man sich mit Ihren Unterlagen beschäftigt hat. Um dem Empfänger Ihrer Bewerbungsunterlagen eine Reaktion zu erleichtern, können Sie selber etwas tun.

Eine kleine Antwortkarte, die es dem potenziellen Arbeitgeber ermöglicht, schnell Kontakt zu Ihnen aufzunehmen, vermittelt ihm die einfache Botschaft: Hier hat sich jemand Gedanken gemacht und Mühe gegeben. Das hat beste Chancen, belohnt zu werden, und kann durchaus dazu beitragen, dass man Ihre Bewerbung besonders erinnert. Ein schönes Beispiel für eine solche Karte sehen Sie auf S. 43 und 44 (beim Bewerbungsflyer).

Zielgruppe: Alle bis zu einer Einkommensgrenze von etwa 30.000 bis 40.000 € p. a.

Achtung: Das Ganze darf nicht zu aufwendig oder zu kompliziert sein.

niedrig   **Risiko: 8 – 9**   hoch

Besonderer Hinweis

Für den (natürlich unwahrscheinlichen) Fall, dass Sie nicht zu den eingeladenen Kandidaten gehören, können Sie dem Empfänger die Erlaubnis erteilen, Ihre Unterlagen zu vernichten. Sie ersparen ihm damit Mühe und Kosten, aber auch ein schlechtes Gewissen. Viele Unternehmen schicken Bewerbungsunterlagen abgelehnter Kandidaten nur sehr ungern oder immer häufiger überhaupt nicht mehr zurück. Es ist ihnen zu viel Aufwand und verursacht Kosten. So kann ein solch gut getexteter Hinweis von Ihnen schon mal „das Zünglein an der Waage" spielen, denn er lässt erkennen, dass Sie sich Gedanken machen und ein gewisses Organisations- und Einfühlungsvermögen zeigen. Nicht wenige Chefs sind momentan durch so etwas positiv zu beeindrucken. Natürlich muss dieser Hinweis nicht nur sorgfältig formuliert, sondern auch gut platziert sein. Er hat einen besonderen Platz verdient. Hier bieten sich an: das Ende des Anschreibens (falls Sie kein PS haben), die letzte Lebenslaufseite vor den Anlagen oder der spezielle, fett gedruckte Hinweis im Anlagenverzeichnis, bitte unbedingt auf die allerletzte Seite zu schauen, wegen einer besonderen „Verarbeitungs- oder Verfahrensinformation". Auf der letzten Seite findet der Empfänger dann Ihren maximal sechszeiligen Hinweis.

Zielgruppe: Bis zu einer Einkommensgrenze von etwa 40.000 bis 50.000 € p. a.

Achtung: Erreichen Sie damit Ihr Kommunikationsziel, werden Sie verstanden? Bei einer Bewerbung per E-Mail erübrigt sich der Hinweis natürlich.

niedrig   **Risiko: 8 – 10**   hoch

Formulierungsvorschlag:

Ich bin zwar Optimistin, aber …
für den Fall, dass Ihr Unternehmen sich für einen anderen Bewerber entscheidet, verzichte ich bewusst auf die Rücksendung dieser Unterlagen, um Ihnen Kosten und Mühe zu ersparen … Darf ich davon ausgehen, dass Sie meine Unterlagen dann vernichten?
Danke!

Betreff- und PS-Zeile

Textbausteine für Betreffzeilen:
- Diplom-Ingenieur mit langjähriger Berufserfahrung sucht Herausforderung als …
- Ihr Stichwort: tüchtige Sekretärin; meines: Das bin ich!
- Sie suchen … Ich biete … (zutreffende Schlüsselbegriffe einsetzen!)
- Das wird ein wunderbarer Start … Vertrauen Sie meiner Problemlösungskompetenz

Beide Platzierungen sind ideale Orte, um Aufmerksamkeit zu erzeugen. Ob in einer anderen Schriftgröße oder Farbe, eventuell per Hand in blauer Tinte, oder sogar farblich gemarkert, hier schaut man hin, das wird sofort gelesen und dringt ins Bewusstsein. Die Betreffzeile gehört unbedingt ins Anschreiben. Als Überschrift steht sie noch vor der Anrede und weist kurz darauf hin, worum es im Wesentlichen geht – egal ob Sie sich auf eine Anzeige hin bewerben oder eigeninitiativ vorstellen wollen. Eine sorgfältig getextete Betreffzeile kann sehr positiv wahrgenommen werden.

Sie dürfen bis zu drei Zeilen gestalten/texten (grafisch z. B. durch Fettdruck unterstützt) und dadurch schon beim Empfänger eine gewisse Anfangserwartung wecken. Gar nicht so einfach! Und wenn Sie mit einer Frage oder Kurzzusammenfassung Ihres Angebots anstelle der üblichen Stichworte („Ihre Anzeige in … vom …" oder „Bewerbung als …") starten, macht das schon einen bemerkenswerten Unterschied und bringt Ihnen Aufmerksamkeit.

Noch interessanter und sehr außergewöhnlich ist die PS-Notiz, die Sie ebenfalls auffällig gestalten dürfen. Nutzen Sie die Gelegenheit, durch einen Nachsatz nochmals auf sich und Ihr Anliegen aufmerksam zu machen. Führen Sie einen Aspekt an, der Ihnen einen zusätzlichen Pluspunkt bringt. Vieles ist vorstellbar: ein Hinweis, Versprechen, Kompliment etc. Vielleicht gefällt das freundliche Postskriptum (PS). Aufmerksamkeitsanalysen haben ergeben, dass auf einer Briefseite das PS nach der Betreffzeile (oder einer anderen Überschrift) die größte Beachtung findet.

Textbausteine für PS-Zeilen:
- PS: Mit einer kleinen Arbeitsprobe möchte ich Sie von meiner Kompetenz überzeugen. Können wir dazu in den nächsten Tagen telefonieren?
- PS: Ich bin mir ganz sicher, die von Ihnen gestellten Aufgaben aufgrund XYZ zu Ihrer vollsten Zufriedenheit lösen zu können. Bitte rufen Sie mich an.
- PS: Ich gebe meine Unterlagen persönlich ab … (um mir schon einmal selbst einen Eindruck von der Atmosphäre in Ihrem Unternehmen zu machen).

Entscheidend bleibt insbesondere am Briefende Ihre Botschaft, denn wenn Sie texten würden: „Rufen Sie nicht vor dem 20. an, ich bin im Urlaub", ist das nicht nur eine vertane Chance (weil dämlich), sondern könnte auch gegen Sie als hoch motivierten Kandidaten sprechen. Also gut überlegen.

Zielgruppe: Alle, wirklich ohne Beschränkungen.

Achtung: Was passt zu Ihnen und Ihrer Zielgruppe? Nicht zu kompliziert, zu abstrakt oder zu viel.

niedrig — Risiko: 6–9 — hoch

Mut zeigen ...

... und gleich von sich aus das Angebot machen, für ein telefonisches Vorabinterview gerne zur Verfügung zu stehen. Hochschulabsolventen werden oftmals vor der Einladung zu einem Assessment Center oder auch dem Vorstellungsgespräch angerufen – vorangekündigt per Mail oder auch überraschend. Ihnen empfehlen wir hier, von sich aus auf diese Möglichkeit hinzuweisen.

Aus der Sicht des Unternehmens gibt es eine gute Reihe von Gründen, dies dann auch wahrzunehmen; beispielsweise den Kostenfaktor. Gerade wenn zwischen dem Wohnort des Bewerbers und dem Firmensitz eine größere Entfernung liegt, kann so ein Vorabtelefonat helfen, Zeit und Geld zu sparen. Als Test vor aufwendigen Vorstellungsgesprächs-Einladungen lässt sich auf diese Weise klären, wer von den interessanten Bewerbern wirklich unbedingt in die engere Auswahl gehört. Um das Risiko einer falschen Auswahl zu verringern, können auf telefonischem Wege beispielsweise Lebenslaufdetails hinterfragt werden. Nebenbei lassen sich gleich auch gewisse Soft Skills wie z. B. Kontakt- und Kommunikationsfähigkeit direkt im Gespräch erleben. Aber auch fachliche Kompetenzen können auf diese Weise relativ schnell abgeklärt oder sogar überprüft werden. Nicht zu vergessen die angegebenen Sprachkenntnisse. Kann der Bewerber tatsächlich verhandlungssicheres Englisch? Hierzu wird dann vielleicht eine Hälfte des Telefonats in englischer Sprache geführt.

Alles also gute Gründe, die für einen Anruf bei Ihnen und ein Telefoninterview sprechen. Ergo: Zeigen Sie sich offensiv, denn es bietet auch Vorteile und Chancen für Sie als Bewerber. Hier kann man sich verbal präsentieren, den roten Faden im Lebenslauf noch verständlicher vermitteln und natürlich viel unmittelbarer für sich selbst werben. Warum also nicht von sich aus dieses Vorgehen vorschlagen. Aber seien Sie nicht enttäuscht, wenn vielleicht nur jedes fünfte von Ihnen anvisierte Unternehmen darauf eingeht. Der Trend geht eindeutig in diese Richtung. Und Bewerber, die diese Möglichkeit selbst vorschlagen, machen einen sehr souveränen Eindruck, selbst wenn sie dann von Unternehmensseite doch nicht genutzt wird.

Zielgruppe: So gut wie alle Branchen, fast jedes Unternehmen, schon ab etwa 20.000 € p. a.

Achtung: Sie sollten Ihr Kommunikationsziel kennen.

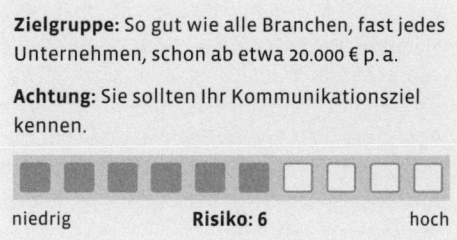

niedrig · **Risiko: 6** · hoch

QR-Code anbieten

Sie kennen ihn, auch wenn Sie momentan vielleicht mit dem Begriff nichts anzufangen wissen. Der QR-Code (steht für Quick Response, also schnelle Antwort) ist ein zweidimensionaler Zeichencode, der innerhalb eines Quadrates durch schwarze und weiße Punkte dargestellt wird. In den Neunzigerjahren in Japan entwickelt, ermöglicht er die Verschlüsselung von Zahlen und Buchstaben mit einer maximalen Kapazität von über 4.200 alphanumerischen Zeichen (Zahlen, Buchstaben und Sonderzeichen). Das entspricht etwa einer halben Textseite. Er kann mit Handykameras eingelesen und decodiert werden, die notwendige Software ist frei verfügbar.

Der QR-Code wird immer populärer, weil er unter anderem ermöglicht, URLs darzustellen, ins Handy „einzuscannen" und sofort in die entsprechende Website zu „übersetzen". Mit dem QR-Code-Generator ist der umgekehrte Vorgang möglich: Eigene Texte können mit diesem verschlüsselt und bequem versandt und grafisch dargestellt werden. Auch QR-Generatoren sind frei verfügbar.

Durch den QR-Code-Generator kann jedermann Informationen verschlüsseln und senden, also beispielsweise Texte im Format einer halben Seite, URLs, RSS-Feeds oder Telefonnummern. Viele Anwender erzeugen mit dem QR-Generator einen Code und platzieren ihn auf Webseiten, Plakaten, Flyern oder Produkten. Sie könnten es auf Ihren Bewerbungsunterlagen tun! Diese über den QR-Code-Generator gekennzeichneten Erzeugnisse können von anderen Anwendern durch das mobile Internet sehr leicht inklusive aller Informationen identifiziert werden.

Unter dem Stichwort QR-Generator finden Sie im Internet verschiedene Angebote, die Ihnen eine solche Verbindungsmöglichkeit herstellen, unter anderem *www.qrcode-generator.de*. Sie erzeugen dadurch einen besonders kompetenten und IT-affinen Eindruck (s. a. S. 134).

Zielgruppe: Ab 20.000 € p. a., weitgehend branchen- sowie unternehmensunabhängig.

Achtung: Geben Sie sich Mühe mit den aufbereiteten Informationen!

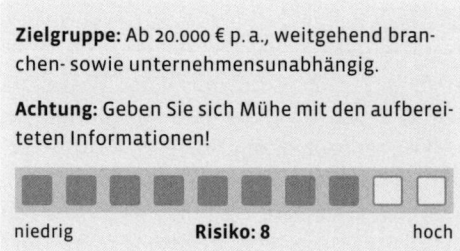

niedrig **Risiko: 8** hoch

BEST PRACTICE

MARC SANDER
Dipl.-Inform. (FH)

24103 Kiel
Sophienblatt 103

Tel. 0431 993828

CURRICULUM VITAE

Marc-Sander@vdi.de

Hannover, CeBIT   17.03.2013

Derzeitige Beschäftigung in der militärischen Softwareentwicklung   Resümee
Derzeit Promotionsstudium und Wirtschaftsingenieurwesen
10 Weiterbildungen in den letzten fünf Jahren
10 Jahre Berufserfahrung als Offizier
Informatik-Studium (FH), Note »sehr gut«
Ab 2014 frei für Festanstellung
Ab 2013 frei für Trainee
Ortsungebunden
Verheiratet
30 Jahre

Ausführliche Informationen zu meiner Person finden Sie unter ...
KOMMENTAR   Anlagen
KÖNNEN
KENNTNIS
KOMPETENZ

Best Practice
Ein besonders gelungenes Beispiel für eine Bewerbungsmappe

Auf dem **Deckblatt** sind viele sehr gelungene Ideen umgesetzt worden, die wir stichwortartig nennen wollen:

- Gute optische Aufteilung durch horizontale und vertikale Elemente.

- Nennung von Ort und Zeitpunkt bezieht sich auf das informelle Bewerbungsgespräch auf der Messe.

- Resümee enthält ästhetisch gestaltet inhaltlich aussagefähige, wichtige Stichpunkte, die den Bewerber charakterisieren (Profil).

- Unten auf der Seite weist ein Satz darauf hin, dass gleich weitere Informationen über den Bewerber folgen. Sie stellen inhaltlich die Bestandteile seines beruflichen Werdeganges dar, sind sehr einprägsam und beginnen jeweils mit einem K.

- Ein ansprechendes Foto!

Auf allen folgenden Seiten nimmt die rechte Spalte die passenden Zeitabschnitte auf. Unter dem Titel **„Kommentar"** hat Herr Sander Zitate aus Beurteilungen durch seine Vorgesetzten geschickt platziert – sie unterstützen das Bild, das er von sich entwerfen will.

Dabei sollten Sie jetzt nicht die Position des Zeugnisausstellers bewerten. Es geht hier ganz unabhängig von der Tätigkeit um die Form, die grundsätzliche Idee. Diese kann bei einem Vertriebler ebenso umgesetzt werden wie bei einer Krankenschwester oder Bibliothekarin.

MARC SANDER

KOMMENTAR

»Hauptmann Sander ist ein sehr leistungsbereiter, bemerkenswert selbstbewusster, selbstständiger und im Denken unabhängiger Offizier, der sein breites Fachwissen geschickt mit neuen Ideen verknüpft.«

BRIGADEGENERAL SCHMIDTHAGEN

Anlässlich der Verleihung »Ehrenkreuz der Bundeswehr in Bronze« — 2012 im März

»Hauptmann Sander ist aber nicht nur DV-Fachmann, sondern ein echter Allrounder, der sich in kürzester Zeit in jedes Arbeitsgebiet akribisch einarbeitet und jede nur denkbare Quelle ohne Berührungsängste zur Erfüllung seiner Aufträge anzapft.«

OBERST IM GENERALSTAB BARTNER

Anlässlich der Verleihung »Ehrenkreuz der Bundeswehr in Bronze« — 2012 im März

»Die gewonnenen Erkenntnisse sind […] richtig und wahrscheinlich auf viele SAP-Einführungsprojekte anwendbar.«

OBERST IM GENERALSTAB GERTRAM

In der fachlichen Stellungnahme zum betrieblichen Verbesserungsvorschlag »SAP-Einführung der Bundeswehr« — 2011 im Oktober

»Es sei an dieser Stelle angemerkt, dass Männer seines Vermögens, seines Engagements und seiner Fachkenntnisse genau die Offiziere sind, die wir in der Verwendungsreihe Informationstechnik dringend benötigen, um das Heer und die Streitkräfte auf diesem Feld weiterzubringen.«

OBERST IM GENERALSTAB PAPEN

Anlässlich der Beurteilung — 2011 im Mai

»Als Abteilungsleiter Führungsunterstützung und IT eine Idealbesetzung! Man weiß bei ihm jeden Auftrag in guten Händen.«

OBERSTLEUTNANT IM GENERALSTAB HADTKE

Anlässlich der Beurteilung — 2011 im Mai

MARC SANDER

KÖNNEN

BERUF (BUNDESWEHR)

Forschung & Entwicklung — 2011 bis heute
IT-OFFIZIER FÜR SOFTWAREKONZEPTE
GRUPPE WEITERENTWICKLUNG

Zusammenarbeit mit der wehrtechnischen Industrie
Aufbau eines Wissensmanagementsystems für die Dienststelle
Nebenamtlicher Presseoffizier der Dienststelle

Leitung — 2010
ABTEILUNGSLEITER FÜHRUNGSUNTERSTÜTZUNG UND IT
BATAILLONSSTAB HAMBURG

Aufbau eines Controllingsystems für die Dienststelle
Verantwortung für die SAP-Einführung der Dienststelle
Assistenz des Dienststellenleiters

Ausland — 2009
PATROUILLENFÜHRER (7 FAHRZEUGE)
KFOR KOSOVO

Verantwortung für einen Bereich von 450 km²
Zusammenarbeit mit internationalen Organisationen
Mitarbeit im amerikanischen Hauptquartier

Führung — 2007
GRUPPENFÜHRER (10 Mitarbeiter) und ZUGFÜHRER (30 Mitarbeiter)

Ausbildung zum Offizier — 2004
Wehrpflicht — 2003
Gymnasium zu Berlin-Steglitz und Kieler Gelehrtenschule

Die Seite „**Können**" beschreibt seinen beruflichen Werdegang. Die Reihenfolge baut Herr Sander nach amerikanischem Muster, also rückwärts, auf. Der Bewerber hat seinen verschiedenen Positionen aussagekräftige Überschriften gegeben, die den Hauptaspekt der jeweiligen Tätigkeit hervorheben. Wichtig: die Zahl der Mitarbeiter, die er geführt hat. Zusätzlich Angaben über die Zeit des Übergangs von der Schule zum Beruf.

Unter dem Abschnitt **„Kenntnis"**, unterteilt in Studium, Veröffentlichungen, Sonstiges und Englisch, finden wir seine akademische Bildung und weitere Zeugnisse seiner intellektuellen Fähigkeiten im IT- und Sprachbereich. Diese Aufbau-Idee lässt sich auch gut für andere Berufsvertreter verwenden, auch wenn man keine akademische Ausbildung vorweisen kann.

MARC SANDER

KENNTNIS

STUDIUM

Promotionsstudium DR.-ING. AN DER UNIVERSITÄT LÜBECK Lehrstuhl für Automatisierungstechnik	2012 bis heute
Wirtschaftsingenieurwesen (FH) ONLINE-STUDIUM AN DER FACHHOCHSCHULE LÜBECK Aktuell 40% der Leistungen abgeschlossen	2011 bis heute
Betriebswirtschaftslehre STUDIUM AN DER FERNUNIVERSITÄT IN HAGEN	2011 bis 2012
Informatik (FH) STUDIUM AN DER PRIVATEN FERNFACHHOCHSCHULE DARMSTADT Studienrichtung Informations- und Kommunikationsmanagement, Note »sehr gut«	2007 bis 2011

VERÖFFENTLICHUNGEN

Die SAP-Einführung der Bundeswehr Vieweg Verlag, Hamburg	2012

ETC.

Teilnahme am Wettbewerb **Software-Engineering-Preis** Ausrichtung durch die Ernst-Denert-Stiftung	2012
Mitglied im VDI	Seit 2012

ENGLISCH

Wirtschaftsenglisch AKAD Stuttgart, 1 Jahr Fernstudium	2012 bis heute
Professional English 4 Semester im Informatik-Studium	2009 bis 2011

MARC SANDER

KOMPETENZ

SOZIALKOMPETENZ

Rhetorik		2012
GRUNDLAGEN DER RHETORIK		
Volkshochschule Kiel, 5 Tage Vollzeit		
Führung		2011
MITARBEITERFÜHRUNG		
Grone Schule Kiel, 5 Tage Vollzeit		

METHODENKOMPETENZ

Projektmanagement/Logistik — 2012
AUSBILDUNG ZUM PROJEKTMANAGER FÜR RÜSTUNGSVORHABEN
Technische Schule des Heeres Aachen, 4 Wochen Vollzeit

Controlling — 2012
AUSBILDUNG ZUM CONTROLLER
Akademie für Wehrverwaltung und Wehrtechnik Berlin,
4 Wochen Vollzeit

Wirtschaftsinformatik — 2011
AUSBILDUNG ZUM BUSINESS ENGINEER
Prof. Scheer/Imc University Saarbrücken, 1 Jahr Fernstudium

Arbeitstechniken — 2011
SELBSTMANAGEMENT
AKAD Stuttgart, 3 Monate Fernstudium

Arbeitstechniken — 2011
EFFEKTIVE ARBEITSTECHNIKEN
Tempus Hamburg, 1 Tag Vollzeit

FACHKOMPETENZ

Software: MS PROJECT — 2013
ML Consulting Köln, 5 Tage Vollzeit

Software: MS OFFICE — 2011
Wehrbereichsverwaltung Kiel, 5 Tage Vollzeit

Software: JAVA — 2010
Moebius Kiel, 5 Tage Vollzeit

Die Seite **„Kompetenz"** gibt Auskunft über Weiterbildungen, die Herr Sander den drei wichtigen Schwerpunkten Sozial-, Methoden- und Fachkompetenz zuordnet. Wenn Sie sich an diesen Ideen orientieren wollen, müssen Sie keinesfalls jedes Stichwort, jede Rubrik, jede Seite für Ihre Gestaltung als Vorlage nehmen. Sie entscheiden, was am besten zu Ihnen und Ihrer Selbstdarstellung passt. Haben Sie es bemerkt? Unser Kandidat hat nicht unterschrieben! Natürlich nur, um Sie zu testen ...

Einschätzung: Insgesamt erfüllt dieser Lebenslauf die Bedingungen der übersichtlichen Strukturierung, des notwendigen Informationsgehalts und der besonderen Note. Herr Sander hat seinen beruflichen Werdegang so gestaltet, dass ein unverwechselbares Profil erkennbar ist. Und es hat sich für ihn gelohnt! Schön wäre gewesen, wenn er auch noch Hobbys und besonderes außerberufliches Engagement erwähnt hätte.

Besonderer Medieneinsatz

Ex-Personalvermittlerin, 39:
„Ich würde immer, wenn es wirklich um ausgefallene Dinge geht wie Zettel an Bäumen, ganz klar darauf hinweisen, für welche Fälle dies gut wäre, also beispielsweise für einen Nebenjob als Babysitter o. Ä. Hier geht es um die Zielgruppe Privathaushalte. Man bedenke aber auch, für welche Fälle es jedoch gar nicht passt, wie z. B. Vollzeitjobs, Zielgruppe Arbeitgeber, qualifizierte Jobs und so weiter."

Die Medien, die Sie für Ihre Bewerbung nutzen können, beschränken sich durchaus nicht nur auf papierene schriftliche Bewerbungen oder die digitale Kontaktaufnahme per E-Mail. Wir stellen Ihnen hier einige unkonventionelle Methoden vor, wie Sie auf Ihre Fähigkeiten aufmerksam machen können. Verdichten Sie Ihre Kernaussagen beispielsweise auf einem Plakat oder einer Postkarte!

Bei all diesen Kurzformen wird der Platz für Ihre Darstellung stets sehr knapp bemessen sein. Sie müssen mit etwas wirklich Essenziellem an Ihren Empfänger herantreten, um sein Interesse zu wecken. Schnell werden Sie merken: Das Texten einer so kurzen Botschaft nimmt viel Zeit in Anspruch. Nehmen Sie sich diese Zeit, denn bei dieser Form kommt es auf jedes einzelne Wort an. Lassen Sie sich bei der grafischen Umsetzung helfen. Nichts wäre schlimmer, als eine an sich gute Idee, die mit einem zeitlichen und finanziellen Aufwand verbunden ist, durch eine unprofessionelle, schlechte grafische Ausführung von vornherein zum Scheitern zu verurteilen.

Alle Kurzformen (bis auf den Zettel) können Sie gegebenenfalls mit dem Hinweis auf Ihre eigene Internetseite (s. S. 142) ergänzen, auf welcher der Interessent sich noch ausführlicher über Sie informieren kann.

Generell eignen sich diese Kurzformen eher für jüngere Bewerber und Berufseinsteiger bis zu einem Jahresgehalt von etwa 40.000 €, das variiert aber in Einzelfällen. Lassen Sie sich von unseren unkonventionellen Vorschlägen einfach inspirieren und überlegen Sie, ob diese zu Ihnen, Ihrer Branche und der Zielgruppe passen.

Zettel

Stellen Sie Ihr Angebot in einem kurzen Text dar, ergänzen Sie es um die nötigen Kontaktdaten und vervielfältigen Sie diesen Zettel (ca. DIN-A5-Format) in einer größeren Anzahl im Copyshop oder drucken Sie ihn aus. Verwenden Sie eventuell farbiges Papier, das ist zwar etwas teurer, fällt aber mehr auf.

Zielgruppe: Bis zu einer Einkommensgrenze von 25.000 € p. a., v. a. in Handel, Handwerk, Gastronomie, nur Kleinunternehmen.

Achtung: Die Zettelmethode eignet sich nur für sehr einfache Arbeiten, bei anderen Jobs würde das Ihr Angebot eher entwerten.

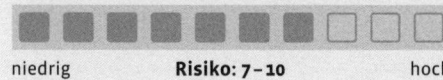

niedrig **Risiko: 7–10** hoch

Beispiele Zettel

Sie können den Text auch um Bildelemente ergänzen, die das, was Sie anbieten wollen, illustrieren, z. B. ein Pinsel für Maler, ein Laptop für Schreibarbeiten oder ein Schnuller fürs Babysitten.

Pinnen oder kleben Sie diese Zettel überall dort hin, wo sich Ihre Zielgruppe aufhält und Ihr Angebot gesehen wird. Um beim Babysitter-Beispiel zu bleiben: Hier eignen sich Infowände in Kindergärten oder Arztpraxen, und wer Unterstützung bei der Hausrenovierung sucht, könnte an der Pinnwand im Baumarkt auf Ihr Angebot stoßen.

Das Platzieren an Bäumen ist übrigens verboten. Vorsicht!

Beispiel für ein Plakat

Schön, wenn man ihn hat, den **Grünen Daumen**

Darf ich Ihnen *meinen* anbieten?

Marion Herz, Gärtnerin aus Leidenschaft!
Sie erreichen mich telefonisch unter **(0123) 923 876**

Plakate

Wer es etwas größer und auffälliger mag, gestaltet ein Plakat mit den wichtigsten Informationen über sein Leistungsspektrum, lässt es vervielfältigen und an ausgewählten Standorten aufhängen.

Das Format liegt etwa bei 2 x 3,5 Metern, die Kosten bewegen sich zwischen 500 und 5.000 €, das hängt von dem Gestaltungsaufwand, der Menge und der Aushängedauer ab. Eine nicht unerhebliche Investition. Überlegen Sie, wie Sie die Kosten reduzieren können.

Vielleicht suchen Sie sich für Ihre Plakataktion Sponsoren und kombinieren Ihren Auftritt mit dem Angebot eines weiteren Anbieters (ob Sportstudio oder Restaurant), das zu Ihrer Branche und Ihrem Typ passt. Lassen Sie die Großplakate im Ausland drucken (höhere Auflagen); für Einzelaktionen gibt es günstig örtliche Dienstleister (Großformat-Digitaldruck). Was die professionelle Gestaltung angeht, empfiehlt es sich, Kontakt zu einer Kunst- oder Medien-Fachhochschule aufzunehmen und die Studenten dort (kostengünstig) um Unterstützung zu bitten. Bedenken Sie, ob Sie nur für sich allein oder gleich für mehrere, eine ganze Gruppe, ein Team Werbung durchführen wollen.

Wählen Sie im Vorfeld sorgfältig Ihren „Verteilungs-Standort" – wo könnte Ihre Zielgruppe sich aufhalten und auf Ihr Angebot stoßen?

Zielgruppe: Bis zu einer Einkommensgrenze von 30.000 € p. a., v. a. in Handel, Handwerk, Gastronomie, nur Kleinunternehmen.

Achtung: Was passt zu Ihnen und Ihrer Zielgruppe und was eher nicht?

■■■■■■■□□
niedrig   **Risiko: 8–10**   hoch

Banner-Werbung

Ihr Mitarbeitsangebot könnte auch als Bandenwerbung im Sportstadion hängen oder aus dem Wohnzimmerfenster in Form eines Banners. Sogar das Baugerüst an einem Brennpunkt in Ihrer Stadt ist bestens geeignet. Die Größe: Vom Teppichläufer 1 x 6 Meter bis hin zu 7 x 10 Metern erscheint alles gut vorstellbar. Entscheidend sind jedoch der Hinguckort (ruhige Nebenstraße weniger sinnvoll) und die Fläche/Größe neben dem Inhalt, den Sie darauf transportieren oder, besser ausgedrückt, demonstrieren. Das hat viel gemeinsam mit Plakatwerbung und ist dann doch ein klein wenig anders. Kostenpunkt von wenigen Hundert bis einigen Tausend €, sehr flexibel. Aber dafür garantiert ein Aufmerksamkeitseffekt, wenn's gut gemacht wurde. Lassen Sie sich von talentierter oder besser noch professioneller Seite helfen. Es lohnt sich!

Zielgruppe: Bis zu einer Einkommensgrenze von 30.000 € p.a., v.a. in Handel, Handwerk, Gastronomie, nur Kleinunternehmen.

Achtung: Was passt zu Ihnen und Ihrer Zielgruppe und was eher nicht?

niedrig   **Risiko: 8–10**   hoch

Postkarten

Eine Postkarte stellt für Sie eine Werbefläche im A6-Format dar, eventuell bringen Sie auch ein paar Informationen auf der Rückseite unter. Sie können Ihre Postkarte gezielt an diversen öffentlichen Plätzen (Szenekneipen, Kultureinrichtungen etc.) verteilen und damit auf sich und Ihre Dienstleistung bzw. Ihr Angebot zur Mitarbeit aufmerksam machen.

Die Kosten für Gestaltung und Druck bewegen sich zwischen 100 und 500 €. Das hängt auch davon ab, wie aufwendig Ihre Postkarte sein soll (Papiersorte, schwarz-weiß oder Farbe, Verwendung von Bildern) und welche Anzahl Sie für Ihre Aktion brauchen.

Zielgruppe: Jüngere, Einsteiger und Umsteiger bis zu einer Einkommensgrenze von etwa 30.000 € p.a., v.a. in Handel, Handwerk, Gastronomie, Medien, künstlerischen Berufen.

Achtung: Erreichen Sie damit auch wirklich Ihr Kommunikationsziel, werden Sie verstanden?

niedrig   **Risiko: 10**   hoch

Beispiel für eine Postkarte

Unser Kommentar: Abhängig von Branche und Beruf, für den Sie sich empfehlen wollen, stellt die hier vorgestellte Variante der Postkartenwerbung eine enorm große Werbefläche dar, um für sich und sein Anliegen um Aufmerksamkeit zu werben.

Heftchen, Zeitung, Magazin, Katalog

Vielleicht haben Sie schon einmal für Ihre Abschlussfeier in der Schule oder für die Hochzeit eines guten Freundes eine Zeitung gemacht. Sie können auch für sich als Bewerber eine Zeitung oder gleich eine Art Katalog erstellen, in dem Sie sich, Ihren Hintergrund, Ihr Leistungsspektrum und Ihre Qualifikation ausführlich darstellen.

Denkbar ist ein Mix aus gelungenen Texten, Fotos und Grafiken. Wenn Sie das Ganze auch inhaltlich innovativ gestalten wollen, können Sie Ihre Leistung wie ein Produkt darstellen und das Vokabular eines Angebots benutzen, das auf Nachfrage stoßen soll.

Sie werben für sich allein oder für Ihren ganzen Umschulungs-Lehrgang, Ihre Schulabgangsklasse, die Arbeitskolonne oder das Verkaufsteam. Die Kosten bewegen sich zwischen 100 und über 1.000 €, je nach Aufwand (Texterstellung, Grafik und Druck) und Anzahl der Kataloge.

Zielgruppe: Einsteiger und Umsteiger bis zu einer Einkommensgrenze von etwa 35.000 € p. a.; auch ältere Bewerber können so punkten, v. a. in Handel, Handwerk, Gastronomie, Tourismus.

Achtung: Kosten vorher berechnen. Erreichen Sie damit Ihre Zielgruppe und werden Sie verstanden? Auf professionelle Gestaltung achten.

niedrig   **Risiko: 10**   hoch

Sticker, Aufkleber & Co.

Sie kennen sicherlich die individuell gestalteten Adressaufkleber, die manche Absender für ihre Briefe nutzen. So oder ähnlich und in der Größe variabel können Sie für sich selbstklebende Sticker erstellen, die auf kleinstem Raum eine Kernaussage und eventuell die wichtigsten Kontaktdaten enthalten. Dieses Medium kann natürlich nur ein ergänzendes Werkzeug für Ihre Bewerbungsaktionen sein, das Sie für Ihre Briefe, Ihre Dokumente oder als kleine Erinnerung nutzen.

Sticker sind relativ preiswert bei verschiedenen Anbietern im Internet zu bestellen, prüfen Sie jedoch genau, ob die dort angebotenen Gestaltungsmöglichkeiten Ihrem Stil entsprechen und nicht nach geschmackloser Massenware aussehen.

Lassen Sie sich bei der Gestaltung (Text, Farbe, Form etc.) etwas einfallen, ein Sticker muss schon ein echter Hingucker sein, sonst lohnt sich der Aufwand nicht. Die Kosten bewegen sich zwischen weniger als 100 bis etwa um die 500 €, je nach Aufwand (Texterstellung, Grafik und Druck) und Auflage.

Zielgruppe: Einsteiger, Umsteiger bis zu einer Einkommensgrenze von etwa 35.000 € p. a., auch Ältere können punkten, v. a. in Handel, Handwerk, Gastronomie, Tourismus, Dienstleistung.

Achtung: Interessant gestalten, Klebemöglichkeiten gut auswählen.

niedrig   **Risiko: 10**   hoch

```
3675710398240672504763987310818
2356789039494056305642136421305
62 Keiner will eine Zahl sein 373
34 Auch wenn Zahlen zählen 56132
9853124787891034151653120704530
83 Marketingfachmann, kreativer 31
50 Zahlenbändiger zeigt Ihnen 079
46 die Erfolgszahlen für Ihren 25
98 Umsatz 71082140524672504 76198
7312598807953798543 4529413849
06 Kontakt: Martin Schimmer, 9364
15 Diplomkaufmann (FH) 372149470
12 E-Mail: m.schimmer@gmx.net 794
94 Tel: 089 34 87 78 7632785751053
59 oder 0156 34 12 254 34641340791
3675710398240672504763198731081
8706942319789109464287734529130
```
Beispiel Sticker

Ungewöhnliches Verpackungsmaterial

Überlegen Sie sich, wer seine Waren in welchem Verpackungsmaterial ausgibt. Stichwort Papiertüte: die feine für Brötchen und Kuchen und die eher grobe für Obst und Gemüse. Können Sie sich vorstellen, diese Verpackungsmaterialien als Werbeträger für Ihre Dienstleistung zu nutzen? Nicht alle Branchen sind gleich gut geeignet. Wer möchte schon für sich und sein Mitarbeitsangebot auf der Plastiktüte einer Fischhandlung Werbung machen? Die sorgfältige Auswahl ist in diesem Fall besonders wichtig. Und vorher müssen Sie sich mit

Fachhochschülerin, 22, letztes Semester Verwaltungswissenschaften: „Sicher ist es in meinem zukünftigen beruflichen Metier nicht ganz einfach, die Gratwanderung von Neuem und Bewährtem genau zu treffen. Mir macht der Gedanke aber Mut, mich in Zeiten, in denen die Arbeitsplatzanbieter vor lauter Bewerbungsunterlagen nicht wissen, wen sie zuerst einladen sollen, durch eine etwas andere, außergewöhnliche Gestaltung meiner Unterlagen auf mich aufmerksam zu machen. Das ist immer auch eine Geschmacksfrage. Ich werde es auf jeden Fall so versuchen und bin optimistisch."

dem Inhaber und „Verteiler" der Verpackungen absprechen, wie Sie sich beide auf der zur Verfügung stehenden Fläche präsentieren. Hier ist mit Kosten zwischen 200 bis etwa um die 2.000 €, je nach Aufwand (Texterstellung, Grafik, Material und Druck) und Auflage, zu rechnen.

Zielgruppe: Besser geeignet für Einsteiger, Umsteiger bis zu einer Einkommensgrenze von 35.000 € p. a., auch Ältere können so punkten, v. a. in Handel, Handwerk, Gastronomie, Tourismus, Dienstleistung, Medien, Wissenschaft, Kultur.

Achtung: Vorher genaue Auflagen- und Kostenkalkulation. Das Produkt soll gut aufgemacht sein, interessant gestaltet und aussagekräftig.

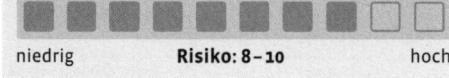

niedrig　　　**Risiko: 8–10**　　　hoch

Beilage bei anderer Post

Wenn Sie Ihre Zeitung aus dem Briefkasten nehmen, fallen Ihnen dann auch so viele Werbebeilagen entgegen? Was wir Ihnen jetzt vorschlagen, hat damit zu tun: Legen Sie Ihre Bewerbung, egal ob eher klein (Postkarte) oder groß wie ein DIN-A3-Plakat, einem anderem Transportmedium bei, z. B. der lokalen Zeitung, die Sie kostenlos einmal die Woche in den Briefkasten gesteckt bekommen, oder einem anderen Medium, das auf möglichst gut steuerbare Weise auch Ihr Angebot mitbefördert. Angenommen Sie suchen einen Job als Privatsekretär/-in und entscheiden sich

für diese Vorgehensweise. Wenn Ihre Kurzbewerbung im Kombipaket mit anderer Post an potente Empfänger herausgeht, wird diese Zielgruppe auf sehr originelle Weise über Ihr Angebot informiert. In unserem Beispiel könnte das eine Luxusversandartikelfirma sein, die – vermutlich regional begrenzt – ihrem hochwertigen Prospekt Ihre Kurzbewerbung beilegt. Sie müssen sich bei dieser ungewöhnlichen Methode besonders sorgfältig mit dem geeigneten Trägermedium und dem beauftragten Transporteur beschäftigen, damit Ihre Unterlagen, die in der Form dann wieder ganz konventionell sein können, nicht in die falschen Hände geraten.

Zielgruppe: Einsteiger, Umsteiger bis zu einer Einkommensgrenze von etwa 35.000 € p. a., aber auch Ältere können damit punkten, v. a. in Handel, Handwerk, Gastronomie, Tourismus, Dienstleistung, Medien, Wissenschaft.

Achtung: Wie aufwendig ist diese Aktion? Beachten Sie besonders notwendige Überzeugungsarbeit, die geleistet werden muss. Und: Erreichen Sie dann auch Ihre Zielgruppe und werden Sie verstanden?

niedrig　　　**Risiko: 8–10**　　　hoch

Besondere Präsentationsformen

Ihre gewissenhafte Vorbereitung hat Ihnen zu beeindruckenden schriftlichen Bewerbungsunterlagen verholfen. „Jetzt bloß weg mit dem Zeug", mögen Sie nach all den Strapazen denken und Ihren kostbaren Stapel schnell in irgendeinen Umschlag stecken und zur Post bringen. Verständlich. Besser jedoch nehmen Sie sich noch etwas Zeit: Nach einer sorgfältigen Durchsicht, ob auch alles beieinander, in der richtigen Reihenfolge liegt (klassisch: Anschreiben immer lose oben drauf, dann die Bewerbungsmappe mit entsprechendem Aufbau und Inhalt) und an den richtigen Stellen unterschrieben ist, müssen Sie sich mit der gleichen Sorgfalt um eventuelle Beilagen kümmern und Verpackung und Versand organisieren.

Anlagen, Beigaben, Arbeitsproben

Woran viele nicht denken: Ihre Bewerbungsunterlagen sind bereits eine wichtige, aussagekräftige erste Arbeitsprobe. Wenn Sie sich bei der Bewerbung Mühe geben, dann – so die mögliche Schlussfolgerung des Personalchefs – werden Sie sich auch bei der Arbeit Mühe geben. Gut formulierte und strukturierte Bewerbungsunterlagen sprechen für die Klarheit Ihres Denkens. Aber bitte nicht zu viele. Es gibt Bewerber, die verschicken 30 und mehr (papierene) Anlagen. Sehr fragwürdig, trotz Anlagenübersicht!

Bei kreativen und wissenschaftlichen Berufen sind „echte" Arbeitsproben nicht unüblich. Werbeleute und Grafiker können beispielsweise auf eine Anzeigenkampagne hinweisen, die sie entworfen haben, Baufachleute auf Bauvorhaben, die sie betreuen. Wissenschaftler fügen eine Publikationsliste, Journalisten ausgewählte Artikel bei.

Dies sind aber eher Ausnahmefälle. Generell gilt: Heben Sie sich diese Art von Arbeitsproben für einen späteren Zeitpunkt auf. Wenn Sie zum Vorstellungsgespräch eingeladen werden, können Sie eventuell geeignete Arbeitsproben mitbringen. Wer die richtige Idee hat, kann der Bewerbung etwas anderes beilegen: z.B. ein Foto, eine Projektbeschreibung, einen Internetlink zu der eigenen oder einer Referenzseite – hierfür können Sie auch einen QR-Code nutzen (s. S. 82 und 134).

Zielgruppe: In Maßen für fast alle, Besserverdiener (ab 80.000 € p. a.) sollten besonders aufpassen und kritisch bei der Auswahl sein.

Achtung: Übertreiben Sie nicht! Im Zweifelsfalle besser etwas weglassen.

niedrig　　**Risiko: 7–8**　　hoch

Bewerber für höher angesiedelte Posten achten sogar auf das Material ihrer Präsentationsmappen. Glattes Plastik ist verpönt, natürliche Materialien dagegen sind in. Es gibt inzwischen eine große Auswahl an farbigen und stabilen Pappen. Wer hier etwas Besonderes auswählt, kann schon recht positiv auffallen.

Verpackung

Nun geht es darum, den gesamten kostbaren Stapel möglichst ästhetisch zu verpacken und damit bereits äußerlich auf den Inhalt neugierig zu machen. Vielleicht wählen Sie eine etwas anspruchsvollere Präsentation. Sehen Sie sich einmal in Ihrem Schreibwarengeschäft oder Kopierladen um, was da alles zur Auswahl steht: Edle Mappen, Klemmmappen und Einlegesysteme (z. B. Thermobindesysteme, Vollmappen, Spiralbindesysteme) bieten sich je nach Bewerbungsvorhaben gut an. Warnen möchten wir Sie vor zu viel oder einem falsch verstandenen Perfektionismus: Eine Einlegemappe, in der jedes Dokument einzeln in einer Klarsichthülle präsentiert wird, könnte Ihnen leicht als Zwanghaftigkeit ausgelegt werden. Achten Sie auch auf die Farbauswahl: Rosa kommt z. B. nicht so gut an, Weiß oder Schwarz sind neutral, dazwischen gibt es eine große dezent-bunte Farbpalette. Verzichten Sie besser auf starke Muster und alle Arten von schrillen Gags.

Zielgruppe: Alle.

Achtung: Fühlen Sie sich damit wohl? Und Ihre Zielgruppe auch?

■■■■■□□□□□
niedrig   **Risiko: 5**   hoch

Die einfache Variante

Es geht aber auch ganz anders. Natürlich ist das abhängig davon, ob Sie sich für einen eher einfachen Büro-, Handwerks- oder Verkäuferjob mit etwa um die 25.000 € Jahreseinkommen oder einen Geschäftsführungsposten mit über 125.000 € im Jahr bewerben. In ersterem Fall haben Sie einige Möglichkeiten, den Aufwand zu reduzieren, im zweiten müssen Sie abwägen, wie Ihre Zielgruppe darauf reagiert.

Sie dürfen Ihre Unterlagen beispielsweise wieder klammern. Verwenden Sie eine möglichst elegante Klammer und platzieren Sie diese sehr genau, so wie Notare es tun. Die zweite einfache Variante: Umhüllen Sie Ihre Unterlagen mit einem einfachen, gefalzten, stabileren A3-Blatt (ca. 100 Gramm) und schreiben Sie per Hand etwas auf die Titelseite. Der Hintergrund für diese Rückkehr zu einfachen Versionen: Bei den Unternehmen treffen sehr viele Bewerbungsmappen ein und verursachen dort einige transportlogistische und Rücksendekosten. Wenn Sie zeigen wollen, wie sehr Sie mitdenken, verblüffen Sie die Firma auch durch einen besonderen Hinweis (s. S. 79), der die Rücksendemodalitäten betrifft.

Zielgruppe: Alle.

Achtung: Es gibt Empfänger, die dafür (noch) nicht geeignet sind. Minimalismus will auch gekonnt sein.

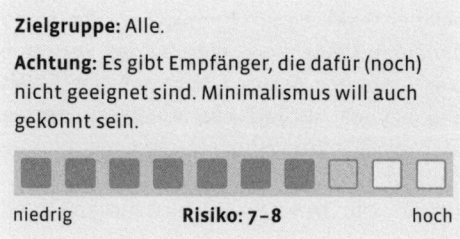

Umschlag und äußere Gestaltung

Ob Sie zu einem klassischen, einfachen braunen A4-Umschlag oder zu einem weißen mit grauem Papprücken greifen, macht schon einen Unterschied. Sie können sich auch für einen Versandumschlag in Ihrer Lieblingsfarbe entscheiden und diesen selbst basteln oder eine der vielen Versandtaschen im Fachhandel kaufen und verwenden. Einen noch interessanteren äußeren Eindruck machen Sie, wenn Sie Ihren Umschlag mit Bildern bekleben oder sogar bemalen. Das ist jedoch reine Geschmackssache und muss zu Ihnen und Ihrer angepeilten Zielgruppe passen.

Das Anschriftenfeld und Ihr Absender müssen mit der gleichen Sorgfalt behandelt werden wie Ihre anderen Unterlagen.

Auch die Briefmarken sind sorgfältig aufzukleben. Überlassen Sie das besser nicht einem gestressten Schalterbeamten. Nehmen Sie, wenn möglich, Sonderbriefmarken und frankieren Sie richtig!

Zielgruppe: Fast alle. Aber Vorsicht in höheren Kreisen und konservativen Branchen.

Achtung: Übertreiben Sie nicht!

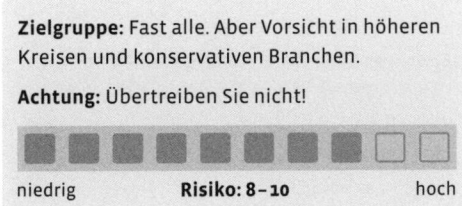

niedrig   **Risiko: 8–10**   hoch

Andere kreative Verpackungsmaterialien

Die „Klassiker" auf diesem Gebiet sind sicherlich der Pizzakarton und das Nutella-Glas. Beide Transport-„Medien" wurden ganz bewusst gewählt, wenn auch aus unterschiedlichen Überlegungen. Das Nutella-Glas samt Bewerbungsunterlagen-Inhalt ging an den Hersteller der Schokocreme (Ferrero). Der Pizzakarton sollte einfach den Empfänger überraschen, der nicht damit rechnete, in dieser Verpackung eine Bewerbung zu finden.

Was originelle Verpackungen betrifft, sind viele Varianten möglich. Eine Azubi-Kandidatin verpackte beispielsweise Ihre Bewerbung in einen chinesischen Glückskeks. Und welche Ideen haben Sie dazu? Vielleicht ein Schatzkästlein, ein Schuhkarton, eine Flaschenpost? Vielleicht fallen Ihnen spontan interessante und besser geeignete Verpackungen für Ihr Metier ein. Wirklich wichtig: Überlegen Sie, ob die Verpackung zu dem Unternehmen, bei dem Sie sich bewerben, auch wirklich passt. Und denken Sie im zweiten Schritt auch immer an die Usability. Ein Beispiel: Sie möchten eine Flaschenpost verschicken und haben Ihre Bewerbungsunterlagen in die Flasche hineingesteckt – aber wie bekommt der Personaler die Bewerbung wieder heraus? Hier darf der Aufwand nicht zu groß sein, sonst wird aus Überraschung schnell Verärgerung. Beispielsweise könnten Sie mittels eines Fadens dafür sorgen, dass der Personaler die Unterlagen einfach aus der Flasche herausziehen kann.

Nicht immer bekommt der Entscheider auch die „Verpackung" in die Hände. Oftmals wird alles vorher von den Helfern ausgepackt. In einem Sonderfall wie möglicherweise Ihrem könnte es aber dann doch Ausnahmen geben. Das ist Ihre Chance, und eventuell trägt das dazu bei, dass man sich an Ihre Bewerbung besonders erinnert!

Was äußerlich gut daherkommt, wird innen auch gut sein – und umgekehrt.
Das stimmt vielleicht nicht immer, aber oft!

Bewerben Sie sich bei sehr konservativen Unternehmen, raten wir von solchen Verpackungen eher ab.

> **Zielgruppe:** Nicht in konservativen Branchen wie Banken, Versicherungen, öffentlicher Dienst, ab 60.000 € p. a. besser nicht.
>
> **Achtung:** Eine wirklich gute Idee muss es sein, was passt zu Ihnen, Ihrer Bewerbung und Zielgruppe?
>
> niedrig   **Risiko: 8–9**   hoch

Versand und Übergabe

Achten Sie auf Ihre Handschrift. Einer Bewerberin, die ihre Bewerbungsunterlagen bei einer großen Firma an der Pforte abgab, sagte der Pförtner: „Die Handschrift ist schon mal gut." Die Aufmerksamkeit des Unternehmens bezüglich der Form hatte sich offenbar herumgesprochen. Wer seiner Handschrift einen derartigen Effekt nicht zutraut, beschriftet Etiketten (Aufkleber für Adresse und Absender) besser mit dem PC.

Dafür gibt es zwei Möglichkeiten: Sie bringen Ihre Unterlagen persönlich vorbei oder vertrauen sie der Post oder einem Kurierdienst an. In letzterem Fall raten wir Ihnen von diversen Formen der Post-Sonderzustellung (wie z. B. Einschreiben) ab. Das könnte zwanghaft, aufdringlich bis drängelnd wirken. Also Vorsicht! An dieser Stelle ist der normale Weg der empfehlenswerteste. Wenn Sie am Ort Ihrer Bewerbung oder ganz in der Nähe wohnen, sollten Sie die Chance wahrnehmen, die eine persönliche Übergabe mit sich bringt. Fragen Sie sich im Unternehmen bis zur richtigen Stelle durch. Nutzen Sie die Gelegenheit für ein Schwätzchen mit der Sekretärin. Das hinterlässt hoffentlich auch einen bleibenden positiven Eindruck. Man wird Sie mit Sicherheit nicht einfach stehen lassen, sondern ein paar freundliche Worte mit Ihnen wechseln. Wenn Sie Glück haben, macht die Sekretärin dem Chef gegenüber eine nette Bemerkung über Ihre Person. Oder dieser läuft Ihnen gerade in diesem Moment über den Weg. Sie werden vorgestellt und es ergibt sich sofort ein Gespräch.

Seien Sie auch auf so etwas vorbereitet. Bitten Sie doch einfach um einen kurzen Gesprächstermin zur Übergabe, keine zwei Minuten, gegebenenfalls bieten Sie an zu warten, bis Ihr potenzieller Gesprächspartner z. B. seine Konferenz beendet hat. Sie dürfen auch anbieten, in einer Stunde wiederzukommen.

Sie können, falls Sie aus einer anderen Stadt angereist sind, auch am Tag selbst ihren kurzen Besuch telefonisch ankündigen. Und wenn dann noch zwei, drei Minuten für einen persönlichen ersten Eindruck möglich sind, umso besser! Die Chance der direkten Übergabe wird viel zu selten genutzt und ist in der Praxis gar nicht so schwer umzusetzen. Sie bietet Ihnen außerdem den Vorteil, das Unternehmen, bei dem Sie sich beworben haben, einmal von innen zu sehen und etwas von der Atmosphäre zu schnuppern, die dort herrscht.

> **Zielgruppe:** Für die meisten geeignet, nicht für Führungspositionen oder mit einem Gehalt über 80.000 € p. a.
>
> **Achtung:** Planvolles Vorgehen, vom Äußeren bis hin zur Botschaft.
>
> niedrig   **Risiko: 8–10**   hoch

Besondere Reaktionen

Der Nachfassbrief

Eine gute Möglichkeit, sich als Bewerber von anderen deutlich abzuheben, ist der Versand eines Nachfassbriefs. Ein bis drei Tage nach Ihrem persönlichen Auftritt abgeschickt, wird dieses Schreiben Ihren Gesprächspartner veranlassen, sich erneut mit Ihnen zu beschäftigen. In diesem Brief bedanken Sie sich nicht nur für das interessante Gespräch, sondern knüpfen an das an, was offen geblieben ist oder was Sie noch nachtragen möchten.

Mit dieser Aktion machen Sie deutlich, dass Sie sehr interessiert und motiviert sind und sich freuen, das konstruktive Gespräch jederzeit fortzusetzen. Sie bekräftigen, Ihre ganze Arbeitskraft für das Unternehmen einsetzen zu wollen. Machen Sie so etwas allzu plump (oder ungeschickt/langweilig), gewinnen Sie nichts. Gelingt es Ihnen aber, nach einem gut verlaufenen Gespräch mit dieser Briefaktion intelligent an sich zu erinnern, verbessern Sie erheblich Ihre Chancen.

Es kann sich sogar lohnen, maßgeschneiderte, individuelle Briefe an die unterschiedlichen Hauptakteure des Vorstellungsgesprächs zu schicken. Häufig sind bei einem solchen Gespräch sowohl der Personalchef oder sein Vertreter als auch der Fachabteilungsleiter oder der unmittelbare Vorgesetzte anwesend.

Aufbau des Briefes

1. Sie danken Ihrem Gesprächspartner für Zeit und Interesse.
2. Sie arbeiten noch einmal Ihre drei wichtigsten „Verkaufsargumente" heraus.
3. Setzen Sie etwaigen negativen Eindrücken etwas entgegen. Vermeiden Sie jedoch, alles zu rechtfertigen. Führen Sie keine Aspekte an, die Ihr Gegenüber übersehen oder vergessen haben könnte. Wiederholen Sie auch keine Schwachpunkte, denen Sie nicht wirklich etwas entgegenzusetzen wissen.
4. Als positiver Abschluss des Briefes dient Ihnen ein gut formulierter Absatz, der einen neuen, zusätzlichen Kompetenzaspekt in Bezug auf die angestrebte Position beinhaltet und im Vorstellungsgespräch noch nicht von Ihnen herausgestellt wurde.

Wie ein Nachfassbrief aussehen kann, zeigen wir Ihnen auf der nächsten Seite. Natürlich gelten auch hier wie beim Anschreiben unsere Hinweise zur außergewöhnlichen Gestaltung.

Zielgruppe: Alle, insbesondere Banken, Versicherungen, Medizin.

Achtung: Möglichst schnelle Reaktion, nicht aufschieben.

niedrig   **Risiko: 7-9**   hoch

Unser Kommentar

Zwei gut gestaltete Betreffzeilen setzen den Empfänger sofort ins Bild. Die Anredezeile ist nicht schlecht gelöst. Wahrscheinlich waren zu viele Personen anwesend oder nicht mehr alle Namen präsent.

Alle wichtigen Argumente sind nochmals aufgeführt und mit einem Textmarker hervorgehoben.

Die Abschlussformel ist sympathisch. Zusätzlich wird die Aufmerksamkeit auf das PS gelenkt, das weitere positive Argumente ankündigt.

Alles in allem eine gelungene Werbung in eigener Sache, die sicher den Effekt hat, dass die Entscheider sich nochmals an die Kandidatin erinnern und positiv beeinflusst werden.

ANNE KÖNIG

Diplom-Volks- & -Betriebswirtin
Jenaer Straße 121
35396 Gießen
Tel.: 0641/291134

Internationale Liegenschaftsbank
Personalabteilung
Herrn Markus Teschner
Wilhelmplatz 9
14109 Berlin

Gießen, 10.01.2013

Vorstellungsgespräch am Mittwoch, den 09.01.2013
Meine Bewerbung als Organisationsentwicklerin

Sehr geehrter Herr Teschner,
sehr geehrte Damen und Herren,

vielen Dank für das informative Gespräch. Besonders die offene, herzliche Gesprächsatmosphäre und Ihre Erläuterungen über Aktivitäten und Ziele bis hin zur Unternehmenskonzeption der ILB fand ich äußerst spannend. Dies alles bestärkt mich in meinem Wunsch, bei Ihnen tätig sein zu dürfen, mein Wissen und Engagement für die Optimierung der Organisation voll einzubringen.

In einem so kurzen Zeitraum des Sichkennenlernens, wie es das Vorstellungsgespräch nun einmal ist, fällt es mir nicht leicht, die Eigenschaften herauszustellen, die mich besonders für die zu besetzende Position qualifizieren. Im Nachhinein möchte ich gern hinzufügen, dass

– meine fundierten kaufmännischen Kenntnisse als Groß- und Außenhandelskauffrau,
– meine Erfahrungen in der Projektarbeit (Studium, Diplomarbeit),
– meine Kommunikations- und Lernfähigkeit,
– mein persönliches Organisationstalent,
– sowie meine Eigenschaft, Ziele nicht aus dem Auge zu verlieren,

gute Voraussetzungen für die Organisationsentwicklung darstellen.

Ich freue mich darauf, von Ihnen zu hören, und verbleibe mit freundlichen Grüßen nach Berlin einen guten Wochenstart wünschend

Anne König

PS: Wegen der angebotenen Referenz werde ich Sie in den nächsten Tagen anrufen.

Der Absage-Antwortbrief

Auch wenn Sie keine Einladung zum Vorstellungsgespräch erhalten oder das Gespräch nicht zu einer weiteren Einladung führt, muss Ihr Bewerbungsvorhaben noch nicht als komplett gescheitert betrachtet werden. Bekommen Sie eine schriftliche Absage, sollten Sie nicht nur Ursachenforschung betreiben. Sie haben auch die Möglichkeit, durch einen Absage-Antwortbrief und/oder ein Telefonat nachzuhaken.

Ziehen Sie sich auf keinen Fall „schmollend" zurück. Verfallen Sie nicht in Selbstmitleid, sondern versuchen Sie, weiter selbstbewusst und aktiv vorzugehen. Überlegen Sie, ob sich nicht ein freundlicher Antwortbrief lohnt. Das hängt natürlich auch immer damit zusammen, wie wichtig, wie interessant die angebotene Position für Sie war und ob Sie wirklich überzeugt sind, in einer besonderen Weise für diesen Aufgabenbereich geeignet zu sein.

Richten Sie Ihren Brief immer direkt an Ihren Gesprächspartner. Geben Sie zunächst Ihrem Bedauern Ausdruck und deuten Sie an, dass das Unternehmen sicher im besten Interesse entschieden hat. Fassen Sie noch einmal kurz zusammen, warum Sie gerade an dieser Aufgabe besonders interessiert sind/waren und was Sie Ihrer Meinung nach zum Erfolg der Firma hätten beitragen können.

Sie werden Ihre Mühe früher oder später belohnt finden, denn sich in der Situation einer Absage nicht zurückzuziehen, sondern hartnäckig zu bleiben, qualifiziert einen Kandidaten für eine herausgehobene Position auf eine ganz besondere Art und Weise.

Eine Alternative: Der eine schreibt, der andere telefoniert lieber, wenn es um die Klärung einer schwierigen Situation geht. Ihr Griff zum Telefonhörer kann nach einem Absageschreiben durchaus einen Versuch wert sein. Lesen Sie nach auf S. 157.

Wann kann ein Antwortbrief sinnvoll sein?

- Sie waren ein „Grenzfall" bezüglich einer Einladung und geben jetzt durch Ihren „Nachfass-Brief" nachträglich noch den positiven Ausschlag für eine Kontaktaufnahme.
- Von den Wunschkandidaten ziehen einige kurzfristig ihre Bewerbung zurück oder erscheinen nicht zum Gespräch. Sie bieten sich durch Ihren Brief erneut an.
- Während der Probezeit erweist sich die Einstellung Ihres Mitbewerbers als Fehlentscheidung und Sie sind durch Ihr besonderes Engagement in positiver Erinnerung.
- Der Personalchef empfiehlt Sie weiter, es gibt, in diesem oder einem anderen Unternehmen, noch Positionen, die zu besetzen sind.

Merksatz: Es kommt auf den Versuch an!

Zielgruppe: Alle, insbesondere Banken, Versicherungen, Medizin, bis 80.000 € p.a.

Achtung: Mut und keine gekränkte Rückzugstendenz zeigen, gute Argumente liefern!

niedrig   **Risiko: 7–9**   hoch

Unser Kommentar

Mustervorlage für einen Absage-Antwortbrief: Orientieren Sie sich an dieser Vorlage, wenn Sie auf eine Absage reagieren möchten. Geben Sie dem Brief Ihre persönliche Note, Ihren eigenen Stil. Es lohnt sich, die Zeit zu investieren.

[Betreffzeile gut überlegen!]

Sehr geehrte / -r Herr / Frau XYZ,
heute fand ich in meiner Post Ihr freundliches Absageschreiben zu meiner Bewerbung in Ihrem Unternehmen als ...

Vielen Dank dafür, auch wenn die Nachricht über Ihre Entscheidung für mich eher nachteilig ausgefallen ist. Sie haben sehr schnell reagiert und Ihren Worten entnehme ich eine ehrliche Bemühung, mir die Absage nicht allzu schmerzlich werden zu lassen.

Gleichwohl bin ich, wenn Sie mir die Offenheit nachsehen, enttäuscht, Sie nicht überzeugt zu haben. Nun liegt das sicherlich an meinen schriftlichen Unterlagen, die offensichtlich nicht so gestaltet waren, dass sie Ihr Interesse wecken konnten. Wie schade! Gerne hätte ich ...

Ich bin sicher, Sie haben sehr sorgfältig abgewogen, als Sie zu dem Ergebnis gekommen sind, meine Bewerbung nicht in den engeren Kreis der Bewerber mit aufzunehmen, die man sich etwas näher anschauen sollte. Wenn ich diesem Brief eine Kurzversion meines beruflichen Werdeganges beilege, dann auch, um Ihnen zu helfen, sich besser zu erinnern, wer ich bin und was ich anzubieten habe.

Sehr gerne würde ich mein Mitarbeits-Angebot ... gegebenenfalls auch an einer anderen Stelle / Position Ihres Unternehmens einbringen. Offen bin ich selbstverständlich auch für andere Angebote Ihrerseits.

Ich freue mich wirklich sehr, von Ihnen zu hören ...
[Alternativ:] Ich hoffe, Sie nicht zu sehr zu bedrängen, wenn ich in der nächsten Woche versuche Sie telefonisch zu erreichen, um ...

Mit besten Grüßen

[handschriftlich Vor- u. Zuname]

[evtl. handschriftliches PS ...]

BEST PRACTICE

Max von Dabelstein • Via Miastra 12 • CH – 7500 St. Moritz

Villeroy & Boch AG
Direktion
Herrn Dr. Ankiewic
Postfach 1120
D – 66688 Mettlach

Max von Dabelstein
Diplom-Kaufmann
Via Miastra 12
CH – 7500 St. Moritz
Tel. +41 81 566 76 43

31.3.2013

Unser Telefonat am heutigen Tage

Sehr geehrter Herr Dr. Ankiewic,

vielen Dank für das ausführliche Gespräch.
Hier, wie verabredet, meine Unterlagen.

Ich beabsichtige, mich zum Jahresende beruflich
neu zu orientieren, und würde sehr gerne für Ihr Unternehmen von Deutschland aus neue Vertriebsstrukturen
im Bereich Sanitärkeramik entwickeln.

Meine jetzige Position bindet mich voraussichtlich
bis zum 30.06.2013, sodass ich Ihren Wünschen gemäß
zur Jahresmitte die neu geschaffene Position
in Ihrem Export-Headquarter einnehmen kann.

Von Ihnen bald zu hören würde mich sehr freuen;
bis dahin verbleibe ich

mit freundlichen Grüßen

[Unterschrift: Max von Dabelstein]

Anlagen

**Best Practice
Ein besonders gelungenes Beispiel für eine Bewerbungsmappe**

Unser Kommentar

Anschreiben: Ein gutes Beispiel dafür, wie es aussehen kann, die konventionellen Formen der Briefgestaltung zu verlassen. Der Anschreibentext knüpft an ein Telefonat an, das im Rahmen einer Initiativbewerbung geführt wurde. Der Text ist absolut knapp gehalten und spiegelt den Stil der gesamten Bewerbungsmappe sehr gut wider.

Deckblatt: Ein fast minimalistisches, aber nicht weniger ästhetisches Deckblatt eröffnet den Reigen der Bewerbungsunterlagen.

Max von Dabelstein
Diplom-Kaufmann
Via Miastra 12
CH – 7500 St. Moritz
Tel. +41 81 566 76 43

BEWERBUNGSUNTERLAGEN FÜR

VILLEROY & BOCH

Max von Dabelstein
Diplom-Kaufmann
Via Miastra 12
CH – 7500 St. Moritz
Tel. +41 81 566 76 43

03.02.1968	**Geburtsdatum**
Wien	**Geburtsort**
verheiratet	**Familienstand**
zwei Kinder	
ortsungebunden	
Österreicher	**Nationalität**
Export Sales Director	**Position**
Sanitärkeramik	**Produkt**
Macco und Marit	**Marken**

Einleitungsseite: Auf der folgenden Seite präsentiert der Bewerber seine Sozialdaten und fügt Informationen über seine aktuelle Position hinzu. Die explizite Anführung der Rubriken Geburtsdatum / Geburtsort / Familienstand etc. wirkt hier in der Umkehrung der üblichen Reihenfolge als besonderes Stilmittel, das wie die gesamte Mappe auf einen sehr motivierten Bewerber mit hohen Qualitätsansprüchen rückschließen lässt. Hier platziert der Bewerber auch das ansprechende Foto im Querformat.

Lebenslauf: Hier sind auf den folgenden zwei Seiten Lebenslauf, Berufspraxis und Ausbildung in einer neuen, beeindruckenden Weise präsentiert. Eine extra Seite gibt Auskunft über die Zusatzqualifikationen und behandelt das Weiterbildungsengagement.

Der Aufbau ist ästhetisch und mühelos lesbar. Das macht Lust auf mehr, vor allem darauf, den Kandidaten kennenzulernen.

Max von Dabelstein
Diplom-Kaufmann
Via Miastra 12
CH – 7500 St. Moritz
Tel. +41 81 566 76 43

	CURRICULUM VITAE	Berufspraxis
	Pollag S.R.L.	
	Turin	
Leitung des Gesamtexportes von Sanitärkeramik für die Markenprodukte *Macco* sowie *Marit* in die Exportländer der Europäischen Union		seit 04.2008
	Prokura	seit 01.2004
	Exportleitung *Macco* für USA, Kanada	05.2003 – 12.2004
	Exportsachbearbeitung *Macco* für Deutschland	04.2000 – 04.2003
	Niethammer GmbH	
	Gernsheim	
	Assistent der Exportleitung für Skandinavien	08.1996 – 03.2000
	Wand und Boden A.G.	
	Berlin	
	Exportsachbearbeiter	04.1994 – 07.1996
	Rosenthal AG	
	Nürnberg	
	Trainee	01.1993 – 03.1994

Max von Dabelstein
Diplom-Kaufmann
Via Miastra 12
CH – 7500 St. Moritz
Tel. +41 81 566 76 43

CURRICULUM VITAE

Ausbildung

Ludwig-Maximilians-Universität
München

Studienschwerpunkt Außenhandelswirtschaft
Diplom in Betriebswirtschaft
Gesamtnote: sehr gut   31.10.1992

Universität St. Gallen
Schweiz

Betriebswirtschaftliches Vordiplom   15.09.1989

Wolfgang Amadeus Mozart Gymnasium
Wien

Abitur   10.06.1986

Ob nun auf jede Seite die vollständige Anschrift gehört, kann durchaus unterschiedlich beurteilt werden. Vermissen wird man sicherlich die E-Mail-Adresse (die der Kandidat leider nirgends angegeben hat!). Zwei Zeilen (Name und Beruf) würden reichen. Und auch die Überschrift Curriculum Vitae darf nicht jeder unreflektiert einsetzen, hier passt es!

Die hier vorgenommene Abfolge in den großen Rubriken, 1. Berufspraxis, 2. Ausbildung, 3. Zusatzqualifikationen, sollte man besser umtauschen (1., 3., 2.). Der Vorteil wäre ein etwas weniger volles letztes Blatt vor dem Anlagenverzeichnis, das dann genug Platz für die Unterschrift bieten würde. Diese vermisst der professionelle Leser.

Etwa 40 Prozent aller Bewerber vergessen die Unterschrift unter ihrem Lebenslauf. Das ist so, als ob Sie einen Scheck über eine große Geldsumme ausstellen, nur ist der Scheck leider nicht unterschrieben … Bei Ihrer Profilseite braucht es allerdings nicht unbedingt eine Unterschrift.

Max von Dabelstein
Diplom-Kaufmann
Via Miastra 12
CH – 7500 St. Moritz
Tel. +41 81 566 76 43

ZUSATZQUALIFIKATIONEN

Englisch, Italienisch, Schwedisch	**Fremdsprachen**	
MS Office, SAP ERP	**DV-Kenntnisse**	
	Intl. Marketing Ass. London	
International Marketing Program Studies	10.2010	
	Management Academy London	
Rentabilitätsrechnung und Investitionscontrolling	08.2009	
Investitionsgüter und Systemmarketing	10.2007	
Arbeitstechnik, Führungsverhalten, Konfliktmanagement	06.2006	
Rhetorik und Präsentation	01.2005	
	Sprachkurse	
Conversations-Business-English I und II Cambridge	05.2004, 07.2007	
Business-Italienisch Verona	08.2000	

Max von Dabelstein
Diplom-Kaufmann
Via Miastra 12
CH – 7500 St. Moritz
Tel. +41 81 566 76 43

ANLAGENVERZEICHNIS

Zwischenzeugnis Pollag S.R.L

Arbeitszeugnis / Empfehlungsbrief
Niethammer GmbH

Arbeitszeugnis Wand und Boden A.G.

Arbeitszeugnis Rosenthal AG

Diplom

Fortbildungsnachweise

Anlagenverzeichnis: Auch diese Seite ist Teil der ästhetischen Gesamtwirkung.

Einschätzung: Diese schönen Seiten sprechen für sich. Der Kandidat präsentiert sich mit außergewöhnlich ästhetisch gestalteten Unterlagen, wobei allen Bausteinen das gleiche Design zugrunde liegt. Diese Bewerbungsmappe ist ein richtiges kleines Kunstwerk, wirklich exzellent! Selbst ohne Unterschrift.

Bleiben Sie dran!

Bitte seien Sie nach einer Absage nicht gekränkt, verlieren Sie nicht den Mut, sondern machen Sie selbstbewusst und aktiv weiter.

Überlegen Sie, ob sich nicht doch ein freundlicher Antwortbrief auf ein Absageschreiben lohnt. Das hängt davon ab, wie wichtig, wie interessant Ihnen die angebotene Position war bzw. ist und ob Sie weiterhin überzeugt sind, besonders gut geeignet für diesen Aufgabenbereich zu sein.

Und auch der Griff zum Telefonhörer kann nach einer Absage einen Versuch wert sein (s. a. S. 157). Über dieses Medium bekommen Sie leicht heraus, wie sich die Bewerberlage beim Arbeitsplatzanbieter darstellt. Sind wirklich 200 und mehr Bewerbungsunterlagen eingegangen, relativiert sich Ihr Unglück, nicht unter den ausgewählten Kandidaten zu sein.

Zusätzlich bekommen Sie vielleicht Informationen über die Auswahlkriterien und können diese für spätere Bewerbungsaktivitäten nutzen. Ein gut verlaufendes Telefonat kann auch andere Türen öffnen und Interesse an Ihrer Person für vielleicht andere Positionen im Unternehmen wecken. Nur Mut, es lohnt sich!

Stellen Sie sich in der Bewerbungsphase auf eine rasante Berg- und Talfahrt Ihrer Emotionen ein. Ihre Grundhaltung sollte optimistisch sein und möglichst auch bleiben. Dafür brauchen Sie auch die Unterstützung Ihrer Umwelt. Ziehen Sie sich nach Absagen nicht ins stille Kämmerlein zurück, sondern reden Sie mit anderen darüber. Erzählen Sie Ihren Freunden davon, und bitten Sie um ehrliches Feedback. Mindestens genauso wichtig kann der Rat von Bewerbungsexperten sein. Wenden Sie sich an die Berufsberater der Arbeitsagentur oder auch an Personal- und Karriereberater, bevor Sie falsche Schlüsse aus Absagen ziehen bzw. Fehler ständig wiederholen. Aber bleiben Sie am Ball. Es gibt keinen Ersatz für Beharrlichkeit, Ausdauer und Durchhaltevermögen.

NEUE DIGITALE FORMEN UND WEGE

Übersicht

- IM NETZ
- DIE E-MAIL-BEWERBUNG
- DAS ONLINEFORMULAR
- ONLINE: WEITERE MÖGLICHKEITEN

Wir buchen die Bahnreise am Computer, verschicken Geburtstagsgrüße per E-Mail, bestellen mit einem Klick neue Schuhe im World Wide Web, versteigern die alte Vase im Internet-Auktionshaus oder suchen in Bewertungsportalen nach der besten Bohrmaschine. Es ist keine Übertreibung: Zu einem gewissen Teil bewegen wir uns tagtäglich in digitalen Welten und dies prägt auch neue digitale Bewerbungswege. Im Internet eröffnen sich scheinbar grenzenlos vielfältigste Möglichkeiten, beruflich relevante Informationen zu finden, sich unter Gleichgesinnten auszutauschen, die eigene Expertenkompetenz eindrucksvoll zu präsentieren oder interessante Job-Kontakte zu knüpfen. Mit der strategisch klugen Nutzung dieser Wege sind viele berufliche Chancen verbunden. Das bedeutet aber auch, dass Sie keinesfalls auf jeder Hochzeit tanzen müssen bzw. nicht jede technische Option, nicht jedes Portal für jede berufliche Situation sinnvoll ist. Es gilt, den individuell passenden Weg auszuwählen. Auf den folgenden Seiten geben wir Ihnen einen Einblick in diese innovative Bewerbungswelt.

Im Netz

Wozu brauchen Sie das Internet?
- Um Informationen über Arbeitgeber zu suchen
- Um nach Stellenangeboten der Zeitungen zu suchen
- Um gezielt nach Stellenangeboten auf den Seiten der Firmen zu suchen
- Um nach Stellenangeboten auf virtuellen Arbeitsmärkten zu suchen
- Um auf digitalem Weg Kontakt aufzunehmen

Zu besetzende Arbeitsplätze stehen längst nicht mehr nur in Zeitungen und (Fach-)Zeitschriften oder werden allein durch Institutionen wie die Arbeitsagentur oder im Einzelfall von Mund zu Mund bekannt gemacht. Ein engagierter Bewerber muss sich heutzutage unbedingt auch im World Wide Web umsehen. Dieses Medium hat den Arbeitsmarkt umgekrempelt und die ehemaligen Angebotsführer, die Printmedien, alt aussehen lassen. Stichwort umsehen: Das tun etwa 70 Prozent aller Arbeitsuchenden, bei Weitem aber noch nicht alle! Dabei liegen die Vorteile auf der Hand: Das Netz bietet die Möglichkeit, bequem von zu Hause aus 24 Stunden täglich nationale und internationale Stellenangebote in dem von Ihnen angestrebten Arbeitsbereich abzurufen. Durch die Angabe der richtigen Suchbegriffe können Sie Ihre Recherche ganz gezielt selektieren und sogar auf viele Zeitungsanzeigen, die ins Netz gestellt werden, bequem „zugreifen". Oft besteht die Möglichkeit, sich mithilfe aufrufbarer Bewerbungsunterlagen direkt übers Netz bei der entsprechenden Firma zu bewerben und den Weg über die herkömmliche Post zu sparen.

Das Internet erlaubt Ihnen, sich auf dem Arbeitsmarkt zu orientieren, gezielt zu recherchieren und direkt per E-Mail mit Ihrem potenziellen zukünftigen Arbeitgeber in Kontakt zu treten. Auf diese Weise können Sie sich ganz anders vorbereiten, sich mehr Informationen über die ausgeschriebene Stelle erbitten oder sich auf einem eher informellen Weg schon einmal vorstellen.

Alles googeln ...

Sie kennen sich mit Suchmaschinen gut aus? Sie informieren sich im Netz über einen potenziellen neuen Arbeitgeber? Richtig so! Jedoch kennt auch die andere Seite diesen Weg und versucht sich ein Bild zu machen. Im Internet, so gilt die Vermutung, zeichnet sich ein viel komplexeres, vielleicht auch authentischeres Bild vom Bewerber. Wer sich in den Unterlagen als seriöser Versicherungsvertreter vorstellt, aber im Internet auf unvorteilhaften Partybildern zu finden ist, hat eher schlechte Karten. Darum spielt Ihre virtuelle Reputation, Ihre E-Reputation, eine immer wichtigere Rolle und ist deshalb strategisch klug zu steuern. Gleich mehr dazu!

... das Unternehmen, Ihren potenziellen Chef und die Kollegen

Jeder zweite Personalentscheider googelt die ihn interessierenden Bewerber, um dann zu entscheiden: Vorabtelefonat und/oder Einladung zum ersten Kennenlerngespräch. Warum googeln Sie nicht auch mal Ihre potenziellen Gesprächspartner, bevor Sie sich bewerben, spätestens aber bevor Sie ins Vorstellungsgespräch gehen?

Bester Ausgangspunkt dafür sind die Internetseiten des Sie interessierenden bzw. auch schon einladenden Unternehmens. Insbesondere Großunternehmen bieten reichhaltiges Material mit Namen ihrer Hauptverantwortlichen, haben aber auch Mitarbeiterinterviews und Blogs auf ihren Seiten. Sie gelangen immer an Namen, mit denen Sie dann gezielt auf die Suche gehen können, um im Net weitere Infos und Kontaktchancen an Land zu ziehen. LinkedIn, Xing, Twitter und sogar Facebook liefern Ihnen bestimmt interessante Einblicke und Anknüpfungspunkte.

Ganz wichtige Vorbereitungsquellen sind neben Google und Yahoo die Onlinearchive der Wirtschaftsredaktionen. Mit ein paar mehr Infos, die sich ins Anschreiben, aber besonders gut im Vorstellungsgespräch leicht einstreuen lassen (einfachste Variante: „In meiner Vorbereitung auf ... habe ich gelesen ..."), punkten Sie durch Hintergrundwissen, können aber vielleicht auch selbst besser die Gesamtlage und Branchenverfassung einschätzen und für sich entscheiden: zukunftstauglich oder nicht.

Zielgruppe: So gut wie alle Branchen, fast jedes Unternehmen, ab etwa 20.000 € p. a.

Achtung: Gefahr, sich zu desillusionieren!

niedrig   **Risiko: 8**   hoch

... und gleich auch sich selbst, damit Sie wissen, was die von Ihnen wissen könnten!

Natürlich läuft ein erstes Web-Screening auch auf der Seite der Personaler. Und deshalb wird Ihr guter Ruf im Netz als Auswahlaspekt immer wichtiger. Sie sollten bei Ihren Inhalten in sozialen Netzwerken daher darauf achten, dass dort keine anstößigen und peinlichen Bilder und Texte, Kommentare oder Gruppen auftauchen. Beachten Sie deshalb genau, wie die Sicherheitseinstellungen bei den von Ihnen verwendeten Netzwerken funktionieren. Sie haben es selbst in der Hand, was ein Personaler über Sie vorab erfährt. Achten Sie während eines Bewerbungsprozesses auf Anfragen von Leuten, die Sie nicht kennen. Es könnte dahinter der Versuch eines HR-Mitarbeiters stecken, Informationen über Sie zu erhalten.

Googeln Sie sich regelmäßig (und recherchieren Sie alternativ auch in anderen Suchmaschinen wie Bing). Dann haben Sie einen Überblick, was über Sie im Internet kursiert. Sollten Sie doch etwas Unpassendes über sich entdecken, haben Sie folgende Möglichkeiten: Sie können durch eigenes Entfernen von Inhalten auf Ihren sozialen Profilen für Abhilfe schaffen. Oder Sie bitten einen Dienst wie Google darum, die Einträge zu löschen oder Ihnen zu helfen, den Verantwortlichen zum Löschen zu bewegen. Wenn Sie ehrverletzende oder sogar strafrechtlich relevante Inhalte finden, empfiehlt sich der Gang zum Anwalt. Es gibt inzwischen speziell für das Reputationsmanagement im Netz spezialisierte Agenturen. Für Privatpersonen und kleines Geld ist

Noch spannendere Rechercheergebnisse versprechen gezielte Besuche auf den einschlägigen Arbeitgeber-Bewertungsportalen Kununu, bizzWatch oder Jobvoting. Hier lesen Sie, was und wie (Ex-)Mitarbeiter ihre (Ex-)Arbeitgeber beurteilen, und bekommen einigen Stoff zum Nachdenken.

sicherlich *secure.me* zu empfehlen, die große Kooperationen mit Xing und GMX eingegangen sind. Es bietet zum Schutz Ihrer Internet- und Onlineprivatsphäre weltweit seine Dienste an und durchsucht das gesamte Internet nach vorher von Ihnen festgelegten Suchbegriffen. Foren, Blogs, Foto- und Videoseiten, Twitter oder andere Communities werden ebenso durchforstet. Hat secure.me Einträge zu Ihren Suchbegriffen im Internet gefunden, werden Sie per E-Mail automatisch darüber informiert. So wissen Sie zu jeder Zeit genau, was das Internet über Sie weiß, und können rechtzeitig darauf reagieren.

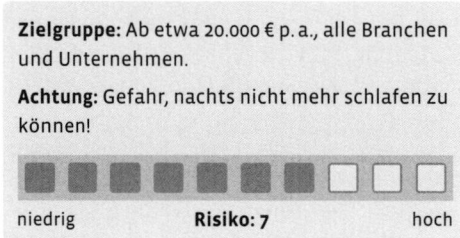

Zielgruppe: Ab etwa 20.000 € p. a., alle Branchen und Unternehmen.

Achtung: Gefahr, nachts nicht mehr schlafen zu können!

niedrig   **Risiko: 7**   hoch

E-Reputation

Und noch etwas: Achten Sie generell auch auf die Netiquette, also angemessene Umgangsformen im Internet.

Was ist eine E-Reputation? Bleiben wir zunächst beim Wort Reputation. Eine Reputation ist eine Art positiver oder negativer Ruf, der mit einer Person verbunden wird.

Das Internet merkt sich alles: Fast immer können sämtliche gespeicherten Informationen unkompliziert mit Google, Yahoo etc. recherchiert und aufgefunden werden. Wie gesagt, all Ihre Netzaktivitäten bleiben der Öffentlichkeit nicht verborgen. Sie sind Mitglied in einer sozialen Community wie z. B. Xing oder Facebook? Bedenken Sie, dass Ihre Verbindungen zu anderen Teilnehmern oder Ihre Artikel in Diskussionsforen vielleicht von anderen eingesehen und im Bewerbungsverfahren für oder gegen Sie verwendet werden können. Sie haben eine private Homepage mit den schönsten Urlaubsbildern oder Ihrem Lieblingshobby Extrembergsteigen? Würde dies Ihrem Arbeitgeber ebenfalls gefallen? Sie besprechen gerne die unterschiedlichsten Bücher, z. B. Pokerratgeber oder Erotikbildbände, bei amazon.de oder buch.de? Lassen sich diese Rezensionen auch mit Ihrem beruflichen Engagement vereinbaren? Sie sehen: Überlegen Sie sich generell bei allen Internetveröffentlichungen, wie diese mit Ihren beruflichen Zielen harmonieren.

Unser Rat: Werden Sie zum Manager Ihrer eigenen E-Reputation. Platzieren Sie öffentliche Beiträge unter Ihrem Namen nur dann, wenn Sie zu Ihrem Berufsprofil passen oder diesem zumindest nicht schaden. Bedenken Sie auch, dass in manchen Internetdiskussionsforen die Artikel von den Lesern bewertet werden können. Hier können positive Einschätzungen in gleicher Weise Ihre Reputation steigern wie die Anzahl an sogenannten Freunden oder Fans, die mit Ihrem Internetprofil verlinkt sind.

Warum Ihr guter Ruf so wichtig ist

Schauen wir uns nun ein Beispiel an. Martin Müller studiert in München Neuere Geschichte und arbeitet nebenbei als Stadtführer für jüdische Bauwerke und Sehenswürdigkeiten. Sein

Ziel ist, nach dem Studium Redakteur in einem Geschichtsverlag zu werden. Deshalb schreibt er auch gelegentlich Artikel in entsprechenden Fachzeitschriften. Im Internet hat er eine eigene Homepage sowie ein Profil bei Xing und einen Account bei Twitter. Auf seiner Homepage stellt er seine Stadtführungen in Bild, Text und Video eindrucksvoll dar. Des Weiteren findet man im Gästebuch viele Danksagungen von zufriedenen Teilnehmern. Gleichzeitig können von hier aus auch seine wissenschaftlichen Texte eingesehen werden.

Bei Xing stellt Herr Müller ausführlich seine universitäre Spezialisierung, aber auch seine Stadtführungen sowie seine Autorentätigkeit vor. Hier ist er außerdem mit vielen Teilnehmern seiner Stadtführungen verlinkt, darunter auch anerkannte Historiker aus dem In- und Ausland. Gleichzeitig hat ein Professor von Herrn Müller ihm bei Xing eine Referenz für die erfolgreiche Teilnahme an einem Forschungsprojekt öffentlich hinterlegt.

Beim Twitter-Account von Herrn Müller wird man nicht nur über seine eigenen Aktivitäten, z. B. seine privaten Städtereisen oder wissenschaftliche Vorträge, in Wort und Bild aktuell informiert, sondern findet auch Links zu generell interessanten Geschichtspublikationen. Hier folgen ihm deshalb zunehmend mehr Leser, die gleichzeitig über das Twitter-Profil auch wieder auf seine Homepage aufmerksam gemacht werden.

Wenn Herr Müller gegen Ende seines Studiums in die aktive Bewerbungsphase startet, so können sich die angeschriebenen Personaler neben den traditionellen Bewerbungsunterlagen auch im Internet ein umfassendes Bild von ihm machen. Ein Eindruck, der dann ohne Zweifel für diesen Bewerber sprechen wird, da die Kompetenzen authentisch sowie vor allem sehr vertrauenswürdig dargestellt werden.

Sie sehen: Herr Müller platziert geschickt seine berufsrelevanten Aktivitäten auf passenden Internetseiten. Er steuert aktiv die öffentliche Wahrnehmung seines beruflichen Profils, steigert kontinuierlich seine E-Reputation und stärkt damit auch das Vertrauen in seine beruflichen Leistungen.

Zielgruppe: Schon ab etwa 10.000 € p. a., alle Branchen und Unternehmen.

Achtung: Gefahr, vor lauter Arbeit kaum noch Freizeit zu haben!

niedrig   **Risiko: 5**   hoch

Unsere wichtigsten E-Reputations-Ratschläge:
- Sämtliche Veröffentlichungen im Internet sollten harmonisch zu Ihrem beruflichen Profil passen.
- Wählen Sie die Internetangebote aus, z. B. eigene Homepage, Blog, Business-Community, Diskussionsforen, auf denen Sie Ihre beruflichen Kompetenzen bestmöglich darstellen können.
- Beachten Sie die Wichtigkeit von Networking bzw. gegenseitigen Verlinkungen.

E-Stellenangebote: Stellenmärkte, Stellenbörsen, Stellengesuche und Profile auf Firmenhomepages

Stellenangebote der Printmedien im Net

Auf den Webseiten vieler Zeitungen – ob regional oder überregional – finden sich Stellenangebote. Häufig machen diese Seiten von den technischen Möglichkeiten des Netzes Gebrauch und sind interaktiv gestaltet. Sie können sich von dort direkt auf die Seiten der inserierenden Firmen klicken. Im Allgemeinen

Webtipps für die überregionale Suche:
- *www.jobs.zeit.de*
- *www.fazjob.net*
- *stellenmarkt.sueddeutsche.de*
- *www.tagesspiegel.de*
- *www.diewelt.de*
- *www.handelsblatt.de*

übernehmen die Zeitungen aber lediglich ihre bereits gedruckten Anzeigen ins Internet. Für Sie als Bewerber ist die Suche auf den Internetseiten der Zeitungen vor allem dann von Vorteil, wenn Sie sich in internationalen Publikationen oder mehreren Zeitungen gleichzeitig umsehen wollen. Beachten Sie immer die Aktualität der Anzeigen. Manchmal findet bei einigen Zeitungen die schriftliche Veröffentlichung des Stellenmarktes zeitlich deutlich vor der Bekanntgabe im Netz statt, um sich nicht selbst Konkurrenz zu machen. Fachzeitungen und -zeitschriften bieten ebenfalls häufig Stelleninserate an. Wenn Sie schon genau wissen, welchen Bereich, welche Branche Sie anstreben, suchen Sie unbedingt auch in kleineren, möglicherweise hoch speziellen Fachpublikationen online.

Zielgruppe: Alle bis auf kreative/künstlerische Berufe.

Achtung: Nicht den Überblick verlieren!

niedrig   **Risiko: 2**   hoch

Stellenbörsen

Sie lenken die Anzeigenflut sozusagen in ein übersichtliches Kanalsystem und bieten dem Arbeitsuchenden in den meisten Fällen eine klar strukturierte Seite, in der er über eine eigene Suchmaske und über eine Stichwort-Funktion schnell und unkompliziert von der Suchmaschine der Stellenbörse die für ihn geeigneten Stellen geliefert bekommt. Dabei kann er gleichzeitig nach Branchen, Regionen, Art der Stelle und Hierarchiewünschen, mit oder ohne Führungsposition suchen. Ebenso unkompliziert kann man so auch nach Jobs aus dem Ausland „fahnden". Wenn Sie z. B. in der Job-Datenbank *www.jobpilot.de* die Begriffe „Marketing" und „Hamburg" eingeben, werden Ihnen ca. 500 Angebote präsentiert.

Viele dieser Jobbörsen bieten den Bewerbern gegen eine Gebühr an, ihre Lebensläufe aufzunehmen. In einer Art Pool werden komplette Bewerberprofile gespeichert, auf die potenzielle Arbeitgeber jederzeit Zugriff haben. Sie können sich dann über die Stellenbörse mit dem Bewerber in Verbindung setzen. Die Bewerberprofile in einer Stellenbörse sind verschlüsselt und nur durch ein Passwort einzusehen. Änderungen können Sie so schnell und unproblematisch vornehmen. Diese Möglichkeit sollten Sie als Bewerber dringend nutzen, um mit Ihrer Bewerbung immer auf dem neuesten Stand zu sein. Alle positiven Veränderungen in Ihrer beruflichen Vita (wie z. B. der Erwerb eines Weiterbildungszertifikats) erhöhen schließlich Ihre Chancen.

Nachdem es allerdings auch eine schier unübersehbare Zahl an Stellenbörsen gibt (Experten schätzen aktuell mehr als 300!), gibt es nun sogenannte Meta-Suchmaschinen – Suchmaschinen, die die für den Bewerber interessantesten Suchmaschinen aus dem Internet filtern. Dazu gehören z. B.:
- *www.stellenboersen.de*
- *www.cesar.de*

Webtipps für virtuelle Stellenbörsen:
- *www.stepstone.de*
- *www.monster.de*
- *www.joborama.de*
- *www.stellenmarkt.de*
- *www.stellenanzeigen.de*

Neben diesen großen Stellenbörsen haben sich allerdings auch viele Stellenbörsen etabliert, die ausschließlich branchenbezogen arbeiten.

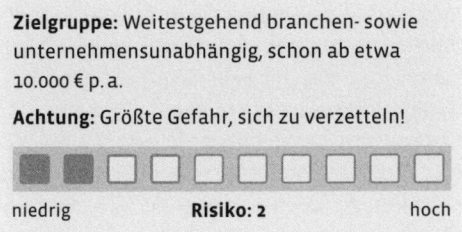

Zielgruppe: Weitestgehend branchen- sowie unternehmensunabhängig, schon ab etwa 10.000 € p. a.

Achtung: Größte Gefahr, sich zu verzetteln!

niedrig   **Risiko: 2**   hoch

Stellengesuche

Obwohl die richtige Stellenbörse gefunden ist, kann es immer noch passieren, dass kein Job im Netz ist, der genau auf Ihre Kompetenzen passt. Sie können Ihren Arbeitgeber dann über Ihr eigenes Stellengesuch finden. Bei Online-Stellenmärkten ist jedoch zu beachten, dass Gesuche nicht immer kostenlos sind. Manchmal gehören sie zu einer Art Konto oder Account, das kostenpflichtig ist. Daran wird jedoch hingewiesen.

Sie sollten außerdem darauf achten, dass Ihnen Ihre Anonymität garantiert wird. Ihre Daten sind ausschließlich für Sie und die Betreiber der Stellenbörse gedacht. Zum guten Ton gehört es übrigens, der Stellenbörse mitzuteilen, wenn Sie eine geeignete Stelle gefunden haben. Ihr Gesuch kann dann gelöscht werden.

Um Zeit und Geld zu sparen, informieren Sie sich am besten vor der Schaltung Ihres Gesuchs, welche Stellenbörse für Ihren Berufszweig die richtige ist, sprich: wo sie von möglichst vielen, infrage kommenden potenziellen Arbeitgebern gelesen wird. Nehmen Sie sich die Zeit und studieren Sie eingestellte Anzeigen vor allem auf ihr Einstelldatum hin. Außerdem bekommen Sie auf diese Weise ein Gespür dafür, welche Anzeige Sie anspricht und welche nicht, können sich so in Ihrem eigenen Text daran orientieren. Aussagekräftig, was die Beliebtheit einer Stellenbörse bei den Usern betrifft, sind auch immer die Besucherzahlen der Seiten (wenn es sie gibt), wobei gesagt werden muss, dass nicht unbedingt immer die Masse die Klasse macht. Wir haben schon auf S. 47 Wichtiges zur Formulierung eines Stellengesuches zusammengestellt.

Noch ein Hinweis speziell fürs Netz: Ein Verweis auf Ihre Bewerber-Homepage (s. S. 142) kann die Attraktivität Ihrer Anzeige noch steigern. Mit nur einem Klick kann sich der Personaler davon überzeugen, ob sein erster Eindruck auch den Tatsachen entspricht.

Zielgruppe: Weitestgehend branchen- sowie unternehmensunabhängig, schon ab etwa 20.000 bis 150.000 € p. a.

Achtung: Verlangt Engagement und ein planvolles Vorgehen.

niedrig   **Risiko: 2**   hoch

Um positiv aufzufallen, sollten Sie sich an einige Regeln halten:
Das Gesuch sollte …
- so knapp,
- so informativ,
- so ansprechend

… wie möglich formuliert sein.

Vergessen Sie nicht, die eingegebenen Daten zu sichern oder einen Ausdruck für sich zu erstellen. Damit sind Sie auf der sicheren Seite, wenn im Vorstellungsgespräch die Rede auf Details kommt. Teilweise ist es auch möglich, dass Sie eigene Dokumente hochladen können. Dies ist Ihre Chance, sich abseits von standardisierten Eingabemasken individuell zu präsentieren.

Profile auf Firmenhomepages

Viele Firmenhomepages bieten Ihnen an, Ihr Berufsprofil auf deren Internetseite zu hinterlegen. Diese Profile werden nach entsprechenden Kriterien technisch ausgewertet, bei Bedarf nehmen die Firmen mit dem Bewerber Kontakt auf. Ursprünglich sollte diese Bewerbungsmethode den Ansturm von unzähligen Bewerbern kanalisieren und auf diesem Wege bestimmte Kandidaten aussieben. Es gibt deshalb spezielle, unbedingt zu erfüllende Kriterien, die – in der Logik der Firmen – interessante Bewerber von den weniger interessanten trennen. Es ist jedoch recht fraglich, ob mithilfe von technischen Bewertungsverfahren am Ende auch immer die besten Kandidaten zum Personalchef weitergeleitet werden. Machen Sie sich dies bewusst und nutzen Sie bei solchen Firmen parallel auch andere Formen der Bewerbung.

Zielgruppe: Branchen- sowie unternehmensunabhängig, schon ab etwa 25.000 bis 150.000 € p. a.

Achtung: Unbedingt die richtige Vorarbeit leisten, Kommunikationsziel, USP etc. definieren.

niedrig　　　**Risiko: 6**　　　hoch

Was unterscheidet das Profil vom Lebenslauf?

Virtuelle Stellenbörsen bieten meist die Möglichkeit, einen Lebenslauf bzw. ein Profil in ihre Bewerberdatenbank einzustellen. Verlangt ein Arbeitgeber ein Profil von Ihnen, möchte er damit weit mehr als einen bloßen Lebenslauf. Wo der Lebenslauf lediglich Eckpunkte Ihrer Karriere markiert (2008 bis 2012 Leitung des Ausstellungsprojekts XY am YZ-Museum), geht das Profil näher auf Details ein: auf Ihren genauen Aufgabenbereich, die Qualifikationen, die Sie währenddessen erworben haben, (in wirtschaftlichen Bereichen) die finanziellen Erfolge, die Sie erzielen konnten, die Kunden, die durch Sie akquiriert wurden etc. Der Übersichtlichkeit wegen sind diese Profile meist in Tabellenform aufgeschrieben. Ein sogenanntes Kompetenzprofil bringt Ihre Qualifikationen noch einmal auf den Punkt, indem Sie sie selbst einschätzen (sehr erfahren, erfahren, Grundkenntnisse etc.). Ein solches Profil sollte natürlich immer auf dem neuesten Stand gehalten werden und inhaltlich den jeweiligen Unternehmen angepasst sein.

Zielgruppe: Branchen- sowie unternehmensunabhängig, schon ab etwa 25.000 € p. a.

Achtung: Unbedingt die richtige Vorarbeit leisten, Kommunikationsziel, USP etc. definieren.

niedrig　　　**Risiko: 6**　　　hoch

Die E-Mail-Bewerbung

Der Trend ist eindeutig: Immer mehr Unternehmen bevorzugen eine digitale „Bewerbungsmappe", zugeschickt per E-Mail. So treffen beispielsweise bei Computer- oder IT-Firmen inzwischen nahezu 100 Prozent der Bewerbungen per digitaler Post ein. In traditionellen Firmen sind es ca. 70 Prozent. Der Anteil wächst stetig, denn der Versand übers Internet ist unschlagbar schnell und preiswert. Ihre E-Mail-Bewerbung wird allerdings nur dann erfolgreich sein, wenn Sie bestimmte Regeln beherzigen.

Inhaltlich betrachtet unterscheiden sich per Internet verschickte Unterlagen nur wenig von klassischen schriftlichen Bewerbungen. Bei beiden Varianten gelten die gleichen Erfolgskriterien. Mit der richtigen Vorbereitung wird die Basis für eine überzeugende Ansprache des potenziellen neuen Arbeitgebers gelegt. Fragen Sie sich zunächst: Welche konkreten Geschäftsfelder hat die Firma? In welcher Form kann ich dort meine Kompetenzen bestmöglich einbringen? Wie kommuniziere ich mein berufliches Profil erfolgreich?

Diese Punkte gilt es generell im Vorfeld zu klären, erst dann sollten Sie sich mit dem Verfassen und der Zusammenstellung der digitalen Unterlagen beschäftigen. Und, ganz klar, an dieser Stelle wird von Ihnen eine gewisse technische Kompetenz verlangt.

Leider scheitern gerade hier viele Kandidaten, weshalb aus Personalabteilungen häufig verzweifelte Klagen über die Flut unzulänglicher digitaler Bewerbungen zu hören sind. Es gibt viele Fehlerquellen, die den Bewerber von vornherein in einem schlechten Licht erscheinen lassen.

Versetzen Sie sich vor dem Versand Ihrer Unterlagen einfach einmal in die Situation eines Personalentscheiders: Niemand will beim Herunterladen minutenlang warten, anschließend zig Dateianhänge öffnen und dann entscheiden, ob und was ausgedruckt wird. Um einen ungefähren Richtwert zu nennen: Eine E-Mail-Bewerbung sollte nicht mehr als 2–3 Megabyte groß sein. Bei großer Unsicherheit können Sie sich durch ein Telefonat vorab über die bevorzugten Dateiformate und Dateigrößen informieren. Beachten Sie auch, dass manche kostenlosen E-Mail-Provider am Ende der Nachricht ungefragt Werbung platzieren. Dies können Sie ebenfalls mit einer Test-E-Mail erkennen und dann gegebenenfalls für Ihre Bewerbungsaktivitäten einen anderen Provider verwenden. Eine interessante Alternative zu umfangreichen Dateianhängen ist übrigens der Link auf die eigene Bewerbungs-Homepage. Hiermit können Sie einerseits detailliert über sich Auskunft geben und andererseits den Daten-GAU beim potenziellen Arbeitgeber verhindern.

Zu den typischen Fehlern der E-Mail-Bewerbung zählen:
- E-Mails samt Anhängen werden wahllos an viele Adressen verschickt.
- Die Bewerbungen beziehen sich nicht auf spezielle Inserate.
- Bewerber lassen oftmals jegliche Formalität außer Acht.
- Die Dokumente enthalten Viren.
- Dateinamen lassen keine eindeutige Zuordnung zu.
- Riesige Dateianhänge legen das komplette System lahm oder lassen sich gar nicht öffnen.

Beachten Sie bitte, dass beim Versand von Anlagen idealerweise nur ein zentrales Dokument versandt werden sollte. Dies vereinfacht das Abspeichern und Öffnen für die Empfänger und stellt auch sicher, dass keine Unterlagen vergessen werden.

Mit einer E-Mail können Sie nicht nur sehr einfach neue Bewerbungen versenden, sondern auch viel Geld für Versandkosten sparen. Zudem sind Ihre Unterlagen innerhalb weniger Sekunden beim Empfänger, sodass dieser dann unmittelbar darauf reagieren kann.

Was in eine Bewerbungs-Mail gehört ... und was nicht

Prinzipiell sind verschiedene Varianten der Zusammenstellung bzw. des Versands Ihrer digitalen Bewerbung denkbar:

1. So können Sie den gesamten Text, also ein kurzes Anschreiben (ca. 5 – 7 Zeilen) sowie Ihr berufliches Profil (ca. 20 Zeilen) in den eigentlichen E-Mail-Text schreiben.
2. Sie formulieren im E-Mail-Text ein kleines Anschreiben (ca. 5 – 10 Zeilen) und fügen Ihren Lebenslauf, ohne Zeugnisse, als Anhang an.
3. Sie kündigen im E-Mail-Text selbst auf ca. 5 Zeilen die angefügten Unterlagen an, bestehend aus Anschreiben und Lebenslauf, verpackt in einer oder zwei Dateien.
4. Sie beginnen ebenfalls mit einem kurzen E-Mail-Text auf ca. 5 Zeilen und schicken dann im Anhang sämtliche notwendigen Dokumente, also Anschreiben, Lebenslauf, Zeugnisse, Arbeitsproben mit.

1. Variante – empfohlen für die erste Kontaktaufnahme

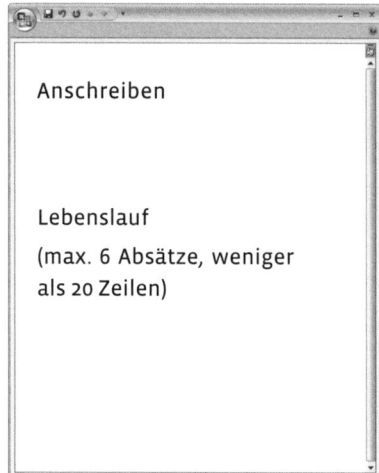

Mail-Text inklusive Lebenslaufdaten ohne Dateianhang: maximal 6 Absätze; insgesamt weniger als 20 Textzeilen; formuliert wie ein „klassisches" Anschreiben mit den wichtigsten beruflichen Stationen; wegen der minimalistischen Form sehr beliebt bei Personalern. Keine weiteren Anhänge.

2. Variante – empfohlen für Positionen unter 30.000 € p. a. (z. B. Praktika)

3./4. Variante – empfohlen für herausgehobenere Positionen ab etwa 35.000 € p. a.

Bedenken Sie:
Die Kombinationsmöglichkeiten sind vielfältig und orientieren sich deutlich an der klassischen Bewerbungsmappe, folgen aber doch dem Credo: Weniger ist mehr! Versenden Sie maximal 3 Dateianhänge, besser aber nur einen.

Mail-Text (maximal 6 Absätze; insgesamt max. 20 Textzeilen): mit allen Punkten, die wir für ein „klassisches" Anschreiben empfehlen (s. S. 27) **plus** Dateianhang mit Lebenslauf (LL) und den aktuellsten Arbeits- und/oder Ausbildungszeugnissen (AZ). Oder: die Arbeitszeugnisse als Extradatei.

Mail-Text, maximal drei Absätze; insgesamt max. 6 (!) Textzeilen: kurz Bezug nehmen auf Ihre Bewerbung, ggf. das Telefonat, ggf. Bewerbungs-Homepage; drei Kernkompetenzen nennen plus Dateianhang mit „klassischem" Anschreiben (A) und Lebenslauf (LL) evtl. plus Arbeitszeugnisse (AZ), evtl. in einer Extradatei.

Unser Kommentar

Text: Kurz und treffend – direkt in der E-Mail-Maske. In wenigen Zeilen wird hier beim Leser Interesse an der Bewerberin geweckt. Die persönliche Ansprache sorgt ebenfalls dafür, dass dieses Angebot wahrgenommen wird.

Absenderadresse: Kommt, wie bei E-Mails üblich, ans Textende. In diesem Beispiel geht es aber noch mit einem Mini-Lebenslauf weiter. Eine sehr gute Idee! Er rundet das positive Bild einer interessanten Bewerberin ab.

Umfang: Mehr muss nicht sein bei der ersten Kontaktaufnahme. Keine weiteren Anlagen, die eingescannt und mitgeschickt werden müssen. Wichtig wäre jedoch vielleicht noch der Hinweis, dass man auf Wunsch gerne mehr Unterlagen vorlegt. Vorab oder in der ersten persönlichen Begegnung.

An...: f.sauter@schneller-reisen.de
Cc...:
Betreff: Bewerbung als Reiseverkehrskauffrau

Sehr geehrte Frau Sauter,

ich bin frischgebackene Reiseverkehrskauffrau (23 Jahre alt) und habe davor als erste Ausbildung nach dem Abitur den Abschluss der internationalen Touristikassistentin gemacht. Ein mehrmonatiger ausbildungsbedingter Aufenthalt in Spanien hat meine Sprach- und Fachkenntnisse stark geprägt. Jetzt möchte ich beweisen, was ich kann … geben Sie mir doch bitte diese Chance.
Auf eine Einladung freue ich mich und grüße Sie

Martina Flathow
Reiseverkehrskauffrau
Gerichtsallee 44
04103 Leipzig
Mobil 0170 9187951

Geboren am 14.04.1990 in Bad Sarow
2009 Abitur Werner-von-Siemens-Gymnasium Leipzig
2009 – 2011 Ausbildung zur Touristikassistentin
2012 Weiterbildung zur Reiseverkehrskauffrau
Englisch (sehr gut), Französisch (gut), Spanisch (gut)
Umgang mit MS Word, MS Excel, MS PowerPoint
und Anwendungsprogramm Sabre-Merlin
Team- und Führungsfähigkeit
Sport (Cheerleaderin / Teamcaptain)
und Marathonläuferin

Was Sie bei Ihrer E-Mail formal beachten müssen

Auf die Adresse achten

Nennen Sie Ihre eigene E-Mail-Adresse, mit der Sie sich bewerben wollen; auf keinen Fall etwas wie Mausi100@hotmail.com. Empfehlenswert ist eine Kennzeichnung mit richtigem Vor- und Zunamen sowie der Versand von einem neutralen Account aus, wie z. B. web.de, gmx.de oder googlemail.com. Beispiel: ines.marquardt@web.de. Außerdem sollten Sie auch auf die E-Mail-Adresse des Empfängers achten. Ein Versand Ihrer Unterlagen an eine anonyme Sammeladresse wie info@FirmaXY.de ist nicht ratsam, da hier das Risiko besteht, dass Ihre Nachricht entweder verzögert oder überhaupt nicht zum richtigen Ansprechpartner weitergeleitet wird. Versuchen Sie deshalb den zuständigen Firmenvertreter, inklusive dazugehöriger E-Mail-Adresse, zu recherchieren und greifen Sie hierfür notfalls auch zum Telefon.

Schrift, Farbe, Hintergrund

Wenn Sie sicher sind, dass der Empfänger Ihrer E-Mail das HTML-Format lesen kann, so haben Sie mit dieser Formatierung die Möglichkeit, besondere grafische Details zu beeinflussen. Beispielsweise können Sie dann individuelle Akzente bei der Schriftwahl, der farblichen Gestaltung sowie des Hintergrunddesigns setzen. Oder Sie ändern lediglich die Schriftfarbe: von Schwarz zu Blau oder eventuell Grün (Vorsicht, typische Cheffarbe!). Rot hingegen ist absolut unmöglich. Überlegen Sie sich jedoch genau vorab, welche gestalterischen Elemente für den Empfänger wirklich Sinn machen. Anders ausgedrückt: Bunte Landschafts- oder selbst einfarbige Hintergrundbilder, ein Text mit vielen Hervorhebungen und Unterstreichungen wird bei einem konservativen Empfänger kaum Begeisterung auslösen. Versuchen Sie eine Auswahl zu treffen, die authentisch zu Ihnen selbst passt, jedoch gleichzeitig mit den Erwartungen des potenziellen neuen Arbeitgebers harmoniert.

Kontaktdaten/Signatur

Für die inhaltliche Gestaltung der eigentlichen Nachricht haben wir ja schon die verschiedenen Varianten aufgezählt. Ihre Kontaktdaten platzieren Sie bei einer E-Mail am besten am Ende des Nachrichtentextes. Nur wenn sichergestellt ist, dass Ihre HTML-E-Mail auch korrekt empfangen bzw. dekodiert werden kann, lohnt sich die Arbeit, am Ende des Textes Ihre eingescannte Unterschrift einzufügen. Im angefügten Anschreiben sowie im Lebenslauf ist sie ein ganz klares Muss.

Das Anschreiben

Verlangt das Stellenangebot nicht ausdrücklich die vollständigen Unterlagen, sind E-Mail-Bewerbungen in aller Regel eher Kurzbewerbungen. Überhäufen Sie den Adressaten also nicht mit einer unübersichtlichen Fülle von Dokumenten und Anhängen. Ein ansprechendes Anschreiben und ein gut getexteter Lebenslauf – beide so kurz wie möglich – reichen als Erstkontakt aus.

Die Betreffzeile

Wählen Sie eine aussagekräftige, individuelle Betreffzeile für Ihre Bewerbung aus, z. B. „Meine Bewerbung als Marktforscherin" oder „Ein Vertriebsprofi stellt sich vor". So kann Ihre Nachricht besser zugeordnet werden und Sie riskieren nicht, dass man die E-Mail für eine Massensendung oder vielleicht sogar für eine Werbebotschaft (Spam) hält.

Mitarbeiterin der Agentur für Arbeit (Vermittlung), 50, promovierte Politologin:
„Ich habe mir das nicht vorstellen können, was man in der Agentur für Arbeit alles erleben kann. Wenn ich sehe, jemand versucht etwas Besonderes mit seiner Bewerbung zum Ausdruck zu bringen, dann finde ich das schon sehr bemerkenswert. Ob das auf der Arbeitgeberseite auch so gesehen wird? Da bin ich mir nicht sicher. In diesem schwierigen, doch sehr zähen Prozess stumpfen alle leider zunehmend ab."

Serienmails sind als Bewerbung völlig ungeeignet. Formulieren Sie stets individuell für eine bestimmte Firma. Beziehen Sie sich dabei möglichst auf das entsprechende Stellenangebot und bei einer Initiativbewerbung auf den Anlass und Ihr besonderes Angebot. Und: Auch in einer E-Mail-Bewerbung gelten selbstverständlich die üblichen Höflichkeitsformen und die deutsche Rechtschreibung.

Konzentrieren Sie sich auf das wirklich Wesentliche und bieten Sie an, die entsprechenden Unterlagen in Form einer schriftlichen Bewerbung oder bei einer persönlichen Begegnung einzureichen.

Der Lebenslauf

Nach dem Anschreiben folgt Ihr Lebenslauf, den Sie in Form und Inhalt wie bei einer traditionellen klassischen Bewerbung erstellen und dann Ihrer E-Mail-Bewerbung anfügen. Übrigens: Mehr als zwei Drittel aller Personaler handhaben E-Mail-Bewerbungen wie eine schriftliche Bewerbung. Ihr Adressat druckt die E-Mail-Bewerbung aus und legt sie auf den Stapel der bereits eingegangenen Bewerbungsmappen. Deshalb ist ein gut formatierter Lebenslauf besonders wichtig. Alternativ können Sie ihn auch als absolute Kurzversion direkt in die E-Mail schreiben. Dies erspart dem Leser bei der ersten Durchsicht einen zweiten Klick auf eine angehängte Datei und damit Zeit. Sie sollten aber den sehr schön gestalteten Lebenslauf entweder parat haben oder ihn gleich als PDF-Datei anhängen.

Das Foto

Scannen Sie Ihr Bewerbungsfoto ein bzw. lassen Sie sich hierbei von professioneller Seite helfen. Oder Sie fragen den Fotografen, ob er Ihnen Ihr Bewerbungsfoto gleich in digitaler Form geben kann. Fügen Sie es dann in Ihren Lebenslauf ein. Beachten Sie hierbei, dass das Bild nicht zu viel Speicherplatz einnimmt und die Datenmenge Ihrer Bewerbung nicht zu groß wird. Sollten Sie diese Aufgaben nicht allein bearbeiten können und auch im Freundeskreis keinen Computerexperten kennen, so finden Sie häufig in größeren Copyshops professionelle PC-Arbeitsplätze inklusive kompetentem Fachpersonal, das Ihnen dann die notwendige Unterstützung geben kann.

Die Zeugnisse

Nach dem Anschreiben und dem Lebenslauf folgen Ihre Zeugnisse. Wählen Sie nicht zu viele, jedoch die für Sie wichtigsten Zeugnisse aus und scannen Sie diese in Schwarz-Weiß ein. Werden mehr als drei bis vier Zeugnisse angefügt, so empfiehlt sich ein Anlagenverzeichnis, das nach dem Lebenslauf einen Überblick zur Reihenfolge der nun aufgeführten Dokumente gibt.

Die Wahl der Dateiformate

Wie bereits erwähnt existieren bei einer E-Mail im HTML-Code deutlich mehr Gestaltungsmöglichkeiten, mit denen man sich selbst möglichst individuell präsentieren kann. Neben gewissen ästhetischen Grenzen gilt es

DIE E-MAIL-BEWERBUNG

jedoch hier, auch die technischen Limitierungen im Auge zu behalten. Kann der Empfänger HTML-Nachrichten nicht korrekt entschlüsseln, war Ihre ganze Arbeit umsonst. Im Zweifelsfall sollten Sie deshalb Ihre E-Mail-Nachricht nicht im HTML-Code, sondern im „Nur-Text"-Format versenden. Dann gehen Sie garantiert kein Risiko ein. Falls Sie Ihrer E-Mail Dateianhänge (Lebenslauf, Zeugnisse, Arbeitsproben etc.) anfügen möchten, achten Sie hier auf das verwendete Dateiformat. Mit Word erzeugte doc- oder docx-Dateien sind zwar den meisten PC-Benutzern vertraut, haben aber zwei Nachteile: Zum einen bleiben Layout und Formatierung bei der Datenübertragung häufig nicht erhalten, zum anderen sind diese Dateien sehr anfällig für Makroviren. Garantiert virenfrei sind rtf-Dateien, die auch Formatierungen beibehalten. Wählen Sie dazu in Ihrem Textverarbeitungsprogramm, z. B. in Word, unter „Speichern unter" die Option „.rtf" aus. Eine professionelle Alternative dazu bieten die PDF-Dateien (Portable Document Format) der Softwarefirma Adobe. Adobe PDF ist ein Dateiformat, das alle Schriften, Formatierungen, Farben und Grafiken Ihres Dokuments erhält. Im Geschäftsleben gehört die Software inzwischen zum Standard. Wenn Sie das PDF-Format verwenden, vermeiden Sie auf diese Weise Probleme beim Öffnen der mehr oder minder großen Anhänge in unterschiedlichen Grafikprogrammen. Mittlerweile sind im Internet auch kostenfreie Programme zur Erzeugung von PDF-Dokumenten verfügbar.

Wollen Sie auf Nummer sicher gehen, erfragen Sie telefonisch, was gewünscht wird. Manche Unternehmen möchten die Unterlagen als Word-Dokument geschickt bekommen. Doch dies ist eher die Ausnahme. Viele Firmen erbitten bei telefonischer Nachfrage als Anlage gesondert das Anschreiben und den Lebenslauf im PDF-Format und nur auf Wunsch das letzte oder die beiden letzten relevanten Arbeitszeugnisse. Zusammen ergäbe das dann ein bis zwei Dateien, die versandt werden.

Unsere Empfehlung

Versuchen Sie, technisch kompetent Ihre schriftlichen Unterlagen zu erstellen und hierbei sorgfältig, authentisch und gleichzeitig passend zum jeweiligen Empfänger Ihre berufliche Botschaft und Ihr individuelles Profil zu kommunizieren. Organisieren Sie sich für schwierige technische Fragen notfalls externe Hilfe. Beachten Sie, dass Ihre fachliche Kompetenz, Ihre Leistungsmotivation sowie Ihre Persönlichkeit in den Unterlagen sichtbar werden.

Zielgruppe: So gut wie alle Branchen, fast jedes Unternehmen, ob groß oder eher kleiner, bis etwa 180.000 € p. a.

Achtung: Bitte auf sorgfältigste Formulierungen achten.

niedrig   Risiko: 2   hoch

Zum Abschluss präsentieren wir Ihnen ein Beispiel für eine E-Mail-Bewerbung.

Die Anlage
Unser Rat: Versenden Sie nur eine Anlage, wobei die Datenmenge nicht zu groß sein sollte und das Dokument mit einem aussagefähigen Namen, z. B. bewerbung_anne_schulz_15022013 versehen ist. Achten Sie dann innerhalb des angefügten Dokuments auch auf die schon angesprochene richtige Abfolge Ihrer Texte.

Verwenden Sie beim Versand idealerweise das PDF-Format und verschicken Sie die E-Mail-Bewerbung zunächst einmal an sich selbst oder jemand aus dem Freundeskreis. Somit können Sie testen, ob alle Anhänge auch wirklich weitergeleitet werden oder ob bestimmte Elemente unlesbar ankommen.

Unser Kommentar

Der Informatikstudent Stefan Bärlach schreibt sein Anschreiben direkt in die E-Mail. Der Bezug gehört in die Betreffzeile des E-Mail-Programms, seine Absenderdaten bringt er am Ende des Textes unter – dezent abgetrennt durch eine graue Linie, die zur Formatierung des Lebenslaufes passt. Die Fettungen sind eine Möglichkeit, Aufmerksamkeit zu erzeugen! So könnte er auch ein klassisches, papierenes Anschreiben getextet haben. Und auch ohne eingescannte Unterschrift kommt das Ganze gut rüber.

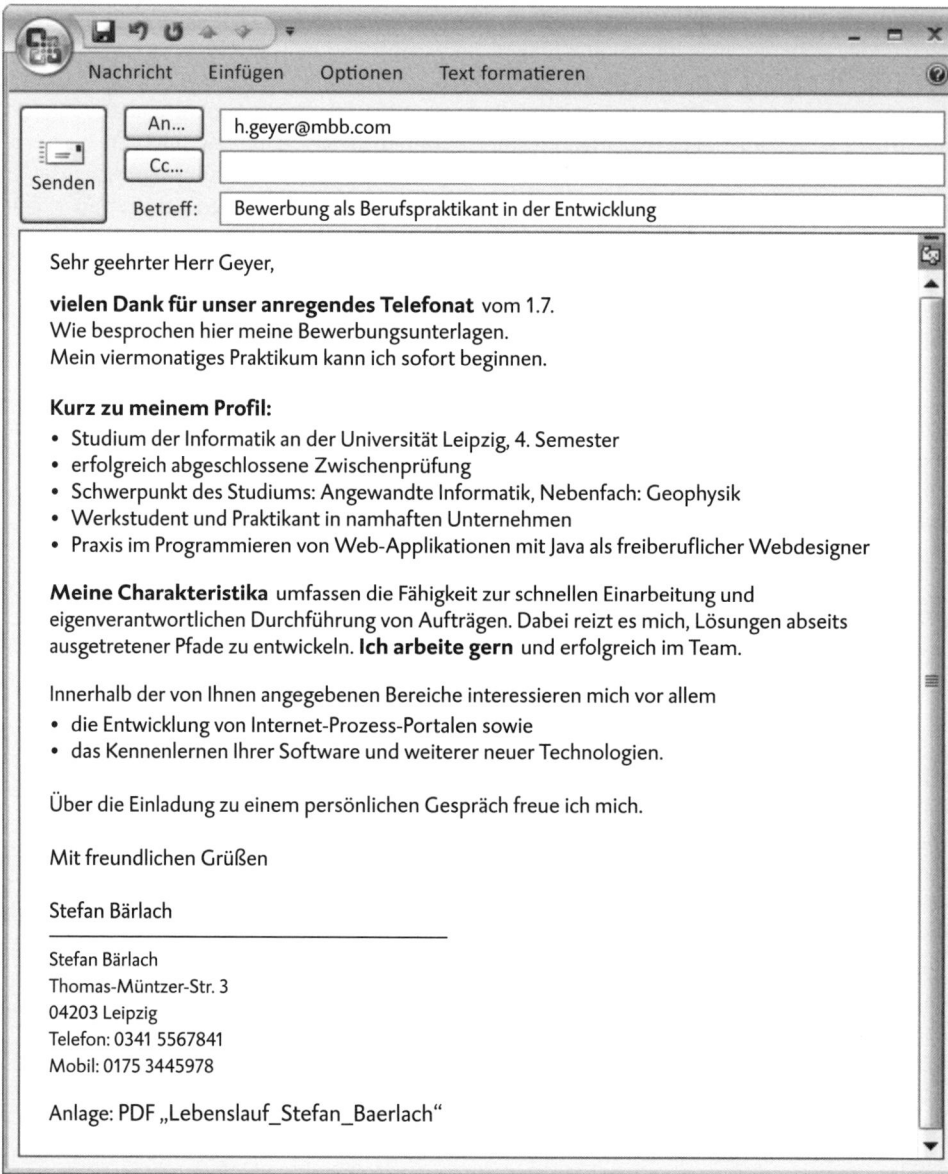

An...: h.geyer@mbb.com
Betreff: Bewerbung als Berufspraktikant in der Entwicklung

Sehr geehrter Herr Geyer,

vielen Dank für unser anregendes Telefonat vom 1.7.
Wie besprochen hier meine Bewerbungsunterlagen.
Mein viermonatiges Praktikum kann ich sofort beginnen.

Kurz zu meinem Profil:
- Studium der Informatik an der Universität Leipzig, 4. Semester
- erfolgreich abgeschlossene Zwischenprüfung
- Schwerpunkt des Studiums: Angewandte Informatik, Nebenfach: Geophysik
- Werkstudent und Praktikant in namhaften Unternehmen
- Praxis im Programmieren von Web-Applikationen mit Java als freiberuflicher Webdesigner

Meine Charakteristika umfassen die Fähigkeit zur schnellen Einarbeitung und eigenverantwortlichen Durchführung von Aufträgen. Dabei reizt es mich, Lösungen abseits ausgetretener Pfade zu entwickeln. **Ich arbeite gern** und erfolgreich im Team.

Innerhalb der von Ihnen angegebenen Bereiche interessieren mich vor allem
- die Entwicklung von Internet-Prozess-Portalen sowie
- das Kennenlernen Ihrer Software und weiterer neuer Technologien.

Über die Einladung zu einem persönlichen Gespräch freue ich mich.

Mit freundlichen Grüßen

Stefan Bärlach

Stefan Bärlach
Thomas-Müntzer-Str. 3
04203 Leipzig
Telefon: 0341 5567841
Mobil: 0175 3445978

Anlage: PDF „Lebenslauf_Stefan_Baerlach"

LEBENSLAUF — Stefan Bärlach

Persönliches

Thomas-Müntzer-Str. 3, 04203 Leipzig	Anschrift
0341 5567841 / 0175 3445978	Telefon
1.5.1990 in Braunschweig; unverheiratet	Geburt, Familienstand

Studium

Angestrebter Bachelorabschluss	Juli 2015
Zwischenprüfung in Informatik, Note: 1,9	23. Juni 2013
Hauptinteressen: - Angewandte Datenbanktechnologie / e-Business - geografische Informationssysteme	
Nebenfach: Geophysik	
Studium der Informatik, Studienziel Bachelor, Universität Leipzig	seit Oktober 2012

Praktika / Werkstudent

Werkstudent bei der Leipziger Messe GmbH, Leipzig: Weiterentwicklung des Businessportals Design und Entwicklung eines Single-Sign-on-Kundenportals	seit Oktober 2012
Werkstudent bei der Software AG, Darmstadt: Mitarbeit bei der Angebotserstellung Entwicklung von Client-Server-Lösungen im Datenbankumfeld	Februar – März 2013

Sonstige Praxis

Freiberufliche Tätigkeit als Webdesigner: Konzeption und Pflege der Homepage von Geschäftsinhabern, Freiberuflern und Vereinen	2010 – 2012
Jobs als Lagergehilfe und Hilfsarbeiter bei Rudolf Metallveredelung GmbH, Fulda	2011 / 2012
Zivildienst im Altersheim, Quedlinburg	2010 / 2011
Ausbildung als Einzelhandelskaufmann im Elektrofachgeschäft, Goslar	2006 / 2007

In der **Anlage** hat Stefan Bärlach seinen Lebenslauf als PDF-Datei beigefügt. Diese ist ansprechend gestaltet und transportiert auf zwei Seiten alle wesentlichen Informationen.

Schade, dass wir nicht mehr über sein Engagement beim Technischen Hilfswerk erfahren. Das wird dafür sicherlich Thema im Vorstellungsgespräch. Hier haben wir nun auch seine „richtige" Unterschrift. Leider ist der Vorname nur mit einem „S." angedeutet. Bitte denken Sie immer daran: Mit vollem (ausgeschriebenem) Vor- und Zunamen unterschreiben.

LEBENSLAUF — **Stefan Bärlach**

Schul- und Weiterbildung

Gesamtschule in Aschersleben Abschluss: Allgemeine Hochschulreife	2007–2010
Grundschule und Realschule in Goslar Mittlerer Bildungsabschluss	1996–2006

Besondere Kenntnisse

Englisch sehr gut in Wort und Schrift Latinum, Alt-Griechisch	Fremdsprachen
Oracle, Adabas	Datenbanken
C++, JAVA, Natural	Programmiersprachen
Team Track, Eclipse, Tamino	Tools
WebServices, HTML, XML, J2EE	Internet
Windows, OS X, LINUX	Betriebssysteme
Klasse B	Führerschein

Interessen

Taekwondo, Snowboarden	Sport
Jugendbetreuung im Technischen Hilfswerk	Engagement

Leipzig, 5. Juli 2013

S. Bärlach

Sonstige Mailings

E-Mail vorab als Ankündigung: Wenn Sie Ihre Bewerbung durch eine Art „kleinen Trommelwirbel" ankündigen wollen, so bietet sich dies z. B. mit einer E-Mail an. Machen Sie mit einigen kurzen Worten auf Ihre Sendung aufmerksam und wecken Sie die Neugierde des Empfängers.

E-Mail zwischendurch: Sie haben Ihre Unterlagen erfolgreich verschickt und bisher nichts gehört oder keine Eingangsbestätigung erhalten. Nach ca. 5 Tagen ist eine Nachfrage per E-Mail durchaus angemessen. Formulieren Sie noch einmal Ihr Interesse an der Position und erkundigen Sie sich, ob alles gut angekommen ist, ob vielleicht noch bestimmte Unterlagen fehlen und wann denn mit einer Entscheidung/Rückmeldung zu rechnen ist. Aber höflich, nicht vorwurfsvoll oder ungeduldig!

E-Mail mit Dank für die Einladung oder nach dem Vorstellungsgespräch: Sich bedanken kommt immer gut an. Ob Sie sich für die freundliche Einladung vorab bedanken und/oder nach dem geführten Vorstellungsgespräch, bleibt Ihnen überlassen. Es ist in jedem Fall ein guter Weg, sich bei den Entscheidern in Erinnerung zu bringen. Lesen Sie dazu auch S. 99 (Nachfass-Brief).

Zielgruppe: Für alle Unternehmen, ob groß oder eher kleiner, bis 300.000 € p. a.

Achtung: Bitte auf korrekten, sehr freundlichen Ton achten.

niedrig   **Risiko: 6**   hoch

Das Onlineformular

Je schneller Sie eine Absage bekommen, desto wahrscheinlicher handelt es sich hierbei um ein automatisches, also ein computergestütztes Auswahlverfahren.

Ein weiterer digitaler Bewerbungsweg führt direkt auf die Homepage der Arbeitgeber. Insbesondere größere Firmen vertrauen zunehmend den Vorteilen einer digitalen, automatischen Kandidatenauswahl und bieten interessierten Bewerbern die Möglichkeit, ihr berufliches Profil direkt auf der Firmenhomepage einzugeben.

Kurzer Überblick zur Onlinebewerbung bei Firmen

Lassen Sie uns diese Onlineformulare an einem einfachen Beispiel näher anschauen: Bei einer Bewerbung als Bürokaufmann erfragen die ersten Formularseiten zunächst einmal die Kontaktdaten des Bewerbers. Danach folgen neue Fenster und Menüs, in denen Angaben zum Schulabschluss, zur Aus- sowie den Weiterbildungen gemacht werden müssen. Im sich anschließenden Formular wird nach den bisherigen Beschäftigungsverhältnissen und den konkreten Arbeitsaufgaben, z. B. Korrespondenz oder Rechnungsbearbeitung, gefragt. Hiernach folgen Angaben zu sonstigen Kenntnissen, beispielsweise Erfahrungen mit speziellen Buchhalterprogrammen, dem Führerscheinbesitz sowie den Freizeitinteressen. Schlussendlich hat der Bewerber dann noch die Chance in freien Textfeldern, also mit eigenen Worten, beispielsweise zu seinen Stärken sowie beruflichen Zielen individuell Stellung zu nehmen – eine Abfrage, die inhaltlich vergleichbar mit der „Dritten Seite" ist.

Sie sehen: Bei dieser Bewerbungsform wird inhaltlich kaum mehr als bei einer traditionellen Bewerbung verlangt. Wenn überhaupt, so liegt die Schwierigkeit in der technisch ungewohnten, ja teilweise umständlichen Dateneingabe. Beispielsweise gestaltet sich der Registrierungsprozess oftmals kompliziert und nimmt unerwartet viel Zeit in Anspruch. Abseits davon ist in den meisten Fällen das Akzeptieren einer Datenschutzerklärung eine notwendige Voraussetzung, um überhaupt auf die eigentlichen Bewerbungsformulare zu gelangen. Diese können übrigens direkt von der jeweiligen Firma installiert sein oder über einen Link zu einer Stellenbörse führen, die dann die Bewerberauswahl für die Firma übernimmt.

Online – Pflicht oder Kür?

Oder: Warum überhaupt Bewerberformulare? Besonders die großen Konzerne drängen geradezu auf die Nutzung der aufwendig installierten Bewerberformulare. Oftmals bieten sie keine andere Bewerbungsmöglichkeit mehr an. Als Gründe werden Zeit-, Kosten- und Platzersparnis genannt, um durch automatisierte

Prozesse der Bewerberflut einigermaßen gerecht zu werden.

Gleichzeitig haben standardisierte Auswahlverfahren stets den Nachteil, dass die Individualität des Bewerbers eher unter den Tisch fällt. Versuchen Sie deshalb im Anschreiben, im angefügten Lebenslauf sowie den freien Textfeldern Ihr Profil möglichst eigenständig auf eine etwas außergewöhnliche Art zu präsentieren.

Bei der Auswertung der Onlineformulare sind automatische und teilautomatische Prozesse zu unterscheiden. Bei beiden wird aufgrund von Datenabgleichen bzw. Übereinstimmungen (z. B. Alter, Bildungsabschlüsse, Verweildauer an Arbeitsplätzen) entschieden, ob man für das Unternehmen als Mitarbeiter interessant ist oder eben leider auch nicht.

Die standardisierte, automatisierte Bewerbung

Onlineformulare sind Teil eines standardisierten, automatisierten Auswahlverfahrens, bei dem der Kandidat verschiedene technische und inhaltliche Hürden erfolgreich meistern muss. Die wichtigste Grundregel lautet: Lassen Sie sich auf keinen Fall von der Fülle der Eingabeformulare abschrecken. Auch wenn die verlangten Informationen nahezu endlos erscheinen, so müssen Sie diese Fleißaufgabe absolvieren. Übrigens, die etwas cleveren Unternehmen haben ihre Listen bereits von über 300 auf nunmehr unter 100 Fragen reduziert!

Manche Unternehmen bieten ihren Bewerbern an, das Formular Stück für Stück zu bearbeiten, indem sie eine Zwischenspeicherfunktion eingebaut haben, bei anderen Firmen muss der Bewerber das Formular in einem Zug bis zum Ende ausfüllen, weil bereits eingegebene Daten nach einer Unterbrechung ungültig werden. Andere, vorzugsweise die großen Unternehmen, haben bisweilen einen eigenen Bewerbungsassistenten, der beispielsweise die Vorschau auf das Formular ermöglicht und Schritt für Schritt die Bearbeitung erklärt. Dort finden sich meistens auch Begründungen, weswegen das Unternehmen eine Onlinebewerbung bevorzugt.

Tipps, Tricks und Fallen

Vergessen Sie auf keinen Fall, vor dem endgültigen Versand Ihrer Texte eine Rechtschreibprüfung durchzuführen. Kopieren Sie Ihre Formulierungen einfach in ein entsprechendes Textverarbeitungsprogramm und starten Sie die automatische Rechtschreibprüfung. Des Weiteren sollten Sie beim Versand von Anhängen stets die vorgegebenen technischen Parameter beachten. Hierzu gehören: Anzahl der Dokumente, Größe der Dateien sowie vorgeschriebene Formate. Speichern Sie auch alle wichtigen Texte sowie die verschickten Dokumente für sich selbst ab. Dies gibt Ihnen die Möglichkeit, die gemachten Angaben vor einem Vorstellungsgespräch nochmals durchzugehen und sich einzuprägen.

Oftmals besteht die Möglichkeit, dass Sie Dokumente an die Onlinebewerbung anhängen können (Zeugnisse, Zertifikate, Lebenslauf etc.). Nutzen Sie diese Chance.

Übrigens: Bei Bewerbungsformularen von größeren Konzernen werden die Bewerbungen oftmals in einem Kandidaten-Pool gespeichert, auf den auch andere, mit dem Konzern verbundene Firmen Zugriff haben. Dies steigert dann Ihre generellen Chancen, ein Angebot zu erhalten, selbst wenn es mit dem eigentlichen Traumjob bei der Wunschfirma auf Anhieb nicht klappte.

Wenn Sie wirklich auf Nummer sicher gehen wollen, so spricht nichts dagegen, mit fiktiven Angaben die Onlineformulare zunächst einmal einzusehen, um dann beim erneuten Versuch mit korrekt ausgefüllten Feldern Ihre Bewerbung auf den Weg zu geben. Dafür benutzen Sie am besten sogar nicht Ihren eigenen Computer, sondern ein Zweitgerät.

Wichtig im Umgang mit dieser Art Abfrage: Wird direkt nach Ihrer Arbeitslosigkeit gefragt oder nach nicht bestandenen Prüfungen bzw. anderen Dingen/Ereignissen, die Ihnen (zurecht?) unangenehm sind, lassen Sie das Antwortfeld (besser nicht) frei! Sie können aber auch mit einem Antworttext die Kapazität des Computers überlisten, denn auf die Frage „Liegt bei Ihnen eine aktuelle Arbeitslosigkeit vor und wenn ja seit wann ..." können Sie statt „Ja, seit dem 1.1.2012" auch ein „Nein, so beurteile ich meine aktuelle Lage nicht ..." eintragen.

Häufig werden in Bewerbungsformularen Fragen wie „Warum bewerben Sie sich bei uns?" gestellt. Hier sind Kreativität und Formulierungsgeschick gefragt. Lassen Sie sich unbedingt etwas Besseres einfallen als „weil ich arbeitslos bin" oder „weil es so ein toller Job ist, der viel Geld bringt". Recherchieren Sie, welche Philosophie, welche Zukunftsvisionen die Firma hat, und passen Sie Ihre Antwort entsprechend an – ohne sich jedoch allzu sehr anzubiedern.

Nachdem Sie das Onlineformular abgeschickt haben, erhalten Sie in der Regel eine Bestätigung Ihrer Bewerbung. Manche Unternehmen versenden innerhalb von 24 Stunden eine automatische E-Mail mit dem Hinweis auf den Eingang Ihrer Internetbewerbung. Bei anderen müssen Sie sich etwas länger gedulden. Wenn Sie nach etwa fünf Tagen noch nichts gehört haben, dürfen Sie auf jeden Fall per E-Mail oder telefonisch höflich nachfragen.

Unsere Empfehlung

Versuchen Sie, Onlineformulare technisch kompetent und inhaltlich individuell, aussagefähig und gleichzeitig prägnant auszufüllen. Dies ist die beste Grundlage für das erfolgreiche Bestehen dieser Prüfung. Leider kann dieses automatisierte Auswahlverfahren auch trotz bester Vorbereitung und Durchführung sehr ungerecht sein. Manche Firmen verwenden als Auswahlkriterium die Durchschnittsstudiendauer oder ein bestimmtes Alter des Bewerbers. Haben Sie beispielsweise BWL oder Maschinenbau studiert und wegen verschiedener Praktika und Auslandsaufenthalte 14 anstatt nur 9 Semester gebraucht, oder sind Sie nach Studienabschluss bereits 27 Jahre alt, dann sortiert das standardisierte Computerauswahlprogramm Sie möglicherweise sofort aus. Postwendend werden Sie per E-Mail informiert, dass man Ihnen leider kein passendes Angebot machen kann, aber natürlich alles Gute wünscht. Wir empfehlen Ihnen, in jedem Fall weitere Kontakte zur Firma zu suchen.

Zielgruppe: Branchen- sowie unternehmensunabhängig, jedoch sollten Sie sich ab etwa 130.000 € p. a. eher weigern, sich dieser Prozedur zu unterziehen, und direkten Kontakt mit der Personalabteilung oder den Fachvorgesetzten suchen.

Achtung: Nicht zu viel, zu bunt, zu weitschweifig.

niedrig   **Risiko: 6**   hoch

Online: Weitere Möglichkeiten

PowerPoint

Wann empfiehlt sich eine Bewerbung mit PowerPoint? Eigentlich immer, insbesondere dann, wenn derlei Kenntnisse im Job gefragt sind.

Die Gestaltung

Gestalten Sie entsprechend der Erwartungen der Zielgruppe eine kompetente und gleichzeitig unaufdringliche Selbstpräsentation. Ein besonderer Kniff kann die Verwendung der Hausfarben oder des Firmenlogos sein, das Sie dezent in Ihre Präsentation einbauen. Stellen Sie auch die richtige Präsentationsdauer pro Folie ein und testen Sie die Zeiteinstellungen der Folienübergänge im Freundeskreis. Zeigen Sie sich kompetent im Umgang mit PowerPoint, ohne dabei den Bogen zu überspannen: Stellen Sie technische Spielereien nicht zwanghaft in den Vordergrund, denn nicht alles, was technisch machbar ist, muss auch wirklich zu Ihrer Präsentation passen. Benutzen Sie nur die Animationen, Grafikeffekte oder Soundoptionen, die Ihre Botschaft unterstützen und diese nicht gnadenlos überfrachten. Viel wichtiger ist eine fesselnde Dramaturgie – ein überraschender Start, der in einen spannenden Mittelteil übergeht und Ihre Präsentation mit einem überraschenden Paukenschlag enden lässt. Machen Sie sich bewusst, dass bei Bewerbungen im Design- und Grafikbereich sicherlich höhere Anforderungen an die gestalterischen und technischen Fähigkeiten gestellt werden als z. B. im medizinischen, juristischen oder kaufmännischen Bereich.

Format und Umfang

Eine Präsentation in PowerPoint kann technisch „verpackt bzw. eingepackt" werden, sodass der Empfänger nicht unbedingt das entsprechende Office-Programm der Firma Microsoft benötigt. Hier gilt es bei Bedarf Expertenrat einzuholen, um auch wirklich alle sinnvollen Möglichkeiten von PowerPoint zu nutzen. Ein Versand Ihrer Präsentation per E-Mail darf nicht die üblichen Größen von etwa 2 bis 3 Megabyte überschreiten.

Zielgruppe: Branchen- sowie unternehmensunabhängig.

Achtung: Nicht zu viel, zu bunt, zu weitschweifig.

niedrig   **Risiko: 7**   hoch

Unter *www.berufsstrategie-plus*.de können Sie sich ein Beispiel für eine PowerPoint-Bewerbung ansehen.

www.

Hier gibt es die Chance, einerseits interessante, beruflich relevante Bewerbungsinformationen zu erhalten, z. B. wie man sich am besten in Branche XY oder bei Firma XZ bewirbt. Andererseits kann man vielleicht durch engagiertes Networking – im entsprechend den beruflichen Zielen passenden Forum – einen beruflich wichtigen Kontakt knüpfen, der im Idealfall als Sprungbrett zum neuen Job wird.

QR-Code

Das ist Ihre persönliche Zugangsempfehlung für Ihren Empfänger. Über den QR-Code haben wir Sie ja bereits auf S. 82 informiert. Er verbindet Sie sekundenschnell mit einer Internetadresse, auf der für Sie der Ersteller dieses Codes spezielle Botschaften hinterlegt hat. Das können Sie auch für den Empfänger Ihrer Unterlagen einrichten und damit schnell auf Ihre Internetseite führen. Dieses außergewöhnliche neue Angebot in Ihren Bewerbungsunterlagen mag noch nicht wirklich häufig von Ihren Empfängern genutzt werden – der Effekt, den Sie damit kreieren, ist nicht zu unterschätzen!

Zielgruppe: Ab 20.000 bis 150.000 € p. a., weitgehend branchen- sowie unternehmensunabhängig.

Achtung: Geben Sie sich Mühe mit den aufbereiteten Informationen!

niedrig   **Risiko: 8**   hoch

Foren und Blogs

Internetforen sind Plattformen, auf denen Mitglieder – je nach Forum registriert oder nicht registriert – Fragen zu bestimmten Themen an andere Mitglieder stellen, untereinander Informationen und Erfahrungsberichte austauschen oder ihre Meinung zur Diskussion stellen können. Auch dies ist ein Werkzeug, mit dem man sich wichtige berufliche Infos holen, hilfreiche Kontakte knüpfen, aber auch eine Art Spezialisten-Reputation aufbauen kann. Alles unter dem Aspekt: Wer mich sucht, findet auch hier Informationen über mich und mein berufliches Kompetenz- und Leistungsspektrum.

Die Mitglieder geben sich in vielen Foren sogenannte „nicknames" (= Spitznamen), um ihre Identität zu schützen. Statt ihrer Porträts sind meist sogenannte Avatare zu sehen, Comicfiguren, Bilder der Filmprominenz etc. als Ersatz für ihre wahre Identität. Dies wird jedoch nur noch auf Freizeit-, Kennenlern- oder einigen Ratgeberportalen gehandhabt. Auf Business-Plattformen wie Xing sind volle Benutzernamen erwünscht.

Zielgruppe: Weitestgehend branchen- sowie unternehmensunabhängig, schon ab etwa 20.000 € p. a.

Achtung: Verlangt kontinuierliches Engagement und Pflege, insbesondere aber ein planvolles Vorgehen.

niedrig   **Risiko: 7**   hoch

Wikipedia – Glanz durch Autorenschaft

Ein nicht mehr wegzudenkendes Beispiel für ein Internetforum ist Wikipedia, das Onlinelexikon, das von den Usern selbst mit fundiertem Wissen von A bis Z gefüttert und gegenseitig auf fachliche Richtigkeit kontrolliert wird. Wikipedia zeigt deutlich die Vor- und Nachteile der Wissensbeschaffung aus dem Internet bzw. aus den Foren. Durch den Button „Bearbeiten" besteht jederzeit die Möglichkeit, neuesten Entwicklungen z. B. in der Forschung, in einer Vita etc. Rechnung zu tragen. Der Nachteil: Experten zu den jeweiligen Themen mahnen eine allzu große „Wikipedia"-Gläubigkeit der Internetnutzer an. Selbst wenn es Korrektur- und Bearbeitungsfunktionen gibt, stellt sich die Frage, wie genau und wie schnell ein Artikel auf seine Richtigkeit hin überprüft werden kann. Generell gilt: Für eine zielgerichtete Informations- und Stellensuche gibt es mittlerweile immer mehr berufsbezogene Internetforen. Dennoch können Sie sich als beruflicher Experte ebenso wie als Hobbywissenschaftler mit Spezialkenntnissen über ein besonderes Thema hier eine nachweisliche Plattform schaffen, die Ihnen zur Ehre gereicht!

Zielgruppe: Weitestgehend branchen- sowie unternehmensunabhängig, ab etwa 40.000 € p. a.

Achtung: Verlangt besonderes Wissen und deutliches Engagement.

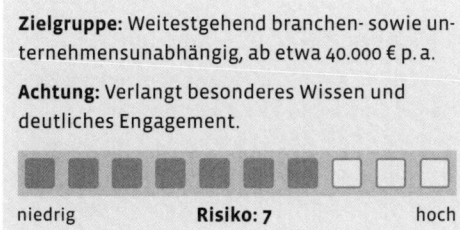

niedrig   **Risiko: 7**   hoch

Weblogs oder Blogs

Weblogs – eine neue Form der Selbstdarstellung im Internet, auch in Bezug auf berufliche Kompetenzen. Der Begriff stammt aus dem Englischen und setzt sich zusammen aus Teilen der Wörter, die sein Wesen charakterisieren – „Web" als Teil des World Wide Web, und „Log" von „Logbuch". Ein Weblog ist also ein Logbuch, ein öffentliches Tagebuch im Internet. Gängiger als der seit 1997 gebräuchliche Begriff Weblog ist mittlerweile seine Abkürzung „Blog". Die Verfasser dieser Blogs, die Blogger, äußern ihre Gedanken zu einem bestimmten und idealerweise einzigen Thema – sei es aus ihrem Alltag, zu einem politischen oder zu einem gesellschaftlichen Thema. Im Unterschied zu einem Internetforum beschränkt sich die Aktivität des Lesers eines Blogs lediglich auf eine Kommentarfunktion. Der Blogger steht im Vordergrund und prägt mit seiner Schreibe „seinen" Blog.

Dies ist vielleicht einer der Hauptgründe, weswegen es verschiedene Blogger bereits zu einiger Berühmtheit nicht nur im Internet gebracht haben. Je interessanter, wortgewandter und fundierter ein Blog geschrieben ist, desto mehr Aufmerksamkeit erregt er im Netz – erkennbar an der steigenden Anzahl der „Klicks" interessierter Leser. Dies wiederum bleibt den Medien außerhalb der virtuellen Welt nicht verborgen.

Ein anerkannter Blog gilt mittlerweile als perfekte Möglichkeit, potenziellen Arbeitgebern seine fachliche Kompetenz auf relativ unaufdringliche Weise zu präsentieren. Bloggen ist also eine neue Variante der beruflichen Selbstdarstellung und der Eigenwerbung. Je anerkannter ein Blog in der Fachwelt ist, desto größer die Wahrscheinlichkeit, dass sich auch ein potenzieller Arbeits- oder Auftraggeber auf den Seiten tummelt – und sich einen solchen Mitarbeiter bzw. Geschäftspartner nicht entgehen lassen will. Am Ende oder an der Seite des Blogs befindet sich eine sogenannte Blogroll – eine (subjektiv getroffene) Zusam-

Blogger verlinken sich gern. Das bedeutet, dass Artikel des Bloggers A auf dem Blog des Bloggers B zu finden sind – nebst Kommentar von B. Erkenntlich ist die Verlinkung an einem sogenannten Trackback.

menstellung der für den jeweiligen Blogger wichtigsten anderen Blogs zum Thema bzw. der informativsten Links dazu.

Hier also gilt auch das schon bei Foren und Wikipedia Gesagte. Mit der richtigen Strategie, besonderen Kenntnissen und/oder profundem Wissen können Sie beruflich auf sich aufmerksam machen und einen Kreis von „Fans" ansprechen.

Zielgruppe: Weitestgehend branchen- sowie unternehmensunabhängig.

Achtung: Verlangt besonderes Wissen und deutliches Engagement.

■■■■■■□□□
niedrig   **Risiko: 7**   hoch

Marketingvariante geführt – der Einführung von Internet-Communities. Fachkompetente Kunden und Firmen tauschen sich zum beiderseitigen Nutzen in virtuellen Arbeitsgruppen über ihre Produkte und ihre Entwicklung aus. Das Anwerben eines besonders aktiven Community-Mitglieds als neuen Mitarbeiter ist dabei sicher nicht ganz unwahrscheinlich.

Zielgruppe: Weitestgehend branchen- sowie unternehmensunabhängig, ab etwa 35.000 € p.a.

Achtung: Erweitert Ihr Wissen, kann sogar zu einem Job führen und ist sehr gut für das Vorstellungsgespräch.

■■■■■■□□□
niedrig   **Risiko: 7**   hoch

Corporate Blogs – wie Firmen Mitarbeiter für sich werben lassen

Die Vorteile der Blogs entdecken auch mehr und mehr Firmen. In den sogenannten Corporate Blogs tauschen sich die Mitarbeiter und Vorstände quasi öffentlich über alle unternehmensrelevanten Themen aus – und bringen so für den Konsumenten interessantes Hintergrundwissen zu Unternehmen, Produkten und Dienstleistungen nach außen – unzensiert und authentisch, wie auf den Startseiten der Blogs häufig versichert wird. Für die Firmen ist das eine perfekte und vergleichsweise unkomplizierte Möglichkeit, bei ihren Kunden an Attraktivität zu gewinnen. Die Erkenntnis über die Fachkompetenz mancher Blogger hat vonseiten der Unternehmen zu einer interessanten

Mit Weblogs Karriere machen

Ein Weblog kann neben anderen, eher traditionellen Bewerbungsaktivitäten durchaus ein wichtiger Karrierefaktor sein. Beruflicher Erfolg fällt aber auch im Internetzeitalter nicht einfach vom Himmel, weshalb wir Ihnen einen 3-Stufen-Plan vorschlagen.

Zunächst sollten Sie Ihr berufliches Profil, Ihre beruflichen Stärken analysieren. Worin sind Sie besonders gut? Auf welche beruflichen Erfolge sind Sie stolz? Die meisten von uns haben sich in Ihrer Firma bzw. im Laufe Ihrer beruflichen Entwicklung auf einen ganz konkreten Aufgabenbereich, ein spezielles Themengebiet konzentriert und gelten hier zunehmend als Spezialist. Warum präsentieren Sie Ihre Kompetenzen dann nicht auch im

Internet, in einem eigenen Weblog? Kommentieren Sie aktuelle Branchentrends und zeigen Sie eine seriöse, kritische Auseinandersetzung mit Ihren beruflichen Spezialthemen. Veröffentlichen Sie interessant formulierte Fachartikel, bei denen der Leser merkt: Hier schreibt jemand vom Fach. Ein Beispiel: Wenn Sie als Autoverkäufer arbeiten und durch Ihre vielen internationalen Reisen die unterschiedlichsten Verkäufermentalitäten und deren Erfolgsgeheimnisse kennengelernt haben, so sind diese Informationen interessante Inhalte für Ihr Weblog.

Nun müssen Sie versuchen, mehr und mehr Internetnutzer auf Ihre Seite und somit auf Ihr Fachwissen aufmerksam zu machen. Verlinken Sie Ihr Weblog mit berufsspezifischen Kontakten und Branchenportalen. Integrieren Sie die Adresse Ihres Weblogs auf Ihrer Profilseite bei Xing oder anderen Portalen. Schreiben Sie gelegentlich einen Gastbeitrag bei einem anderen Blog, einem Forum oder Expertenportal. Erhöhen Sie somit die öffentliche Aufmerksamkeit und Verbreitung Ihrer Fachkompetenz.

Erst im dritten Schritt wird das Weblog zum eigentlichen Bewerbungsinstrument. Sie haben Ihre Fachkompetenz mit fundierten Artikeln im Internet präsentiert und sich eine interessierte Fangemeinde aufgebaut? Nun gilt es diesen Faktor Ihrer beruflichen Reputation auf den konkreten Bewerbungsprozess zu übertragen. Wenn Sie eine E-Mail-Bewerbung versenden, fügen Sie die Weblog-Adresse am Ende der E-Mail-Signatur ein. Dies gilt auch bei Bewerbungen auf Firmenhomepages, sofern es die Formulare erlauben. Integrieren Sie generell Ihr Weblog in möglichst viele Bewerbungsaktivitäten, also z. B. in Ihrem Lebenslauf oder die dritte Seite Ihrer Bewerbungsunterlagen. Wenn man Sie beim Vorabtelefonat oder im Vorstellungsgespräch nach Ihren Stärken, nach Ihren Spezialkenntnissen fragt, so ist Ihr Weblog ein ganz besonders authentisches und glaubwürdiges Argument.

Fazit: Ein sorgfältig aufgebautes Weblog ist nicht als alleiniges Bewerbungsinstrument zu verwenden, sondern als sinnvolle, vertrauenswürdige Unterstützung Ihrer generellen Bewerbungsaktivitäten.

Die technische Seite

In Deutschland gibt es Tausende von Weblogs, die man über entsprechende Suchmaschinen finden kann. Über die Seite *www.technorati.com* können Sie Weblogs nach den unterschiedlichsten Themen durchstöbern, nach möglichen Networking-Kontakten suchen und gleichzeitig feststellen, zu welchen Themen noch kein Weblog existiert. Dienstleister für den eigenen Blog sind:
- *www.myblog.de*
- *www.blog.de*
- *www.blogger.com*

Zielgruppe: Weitestgehend branchen- sowie unternehmensunabhängig, ab etwa 35.000 bis 180.000 € p. a.

Achtung: Verlangt besonderes Wissen und deutliches Engagement, achten Sie auf Qualität.

niedrig **Risiko: 7** hoch

Wichtige Regeln für das erfolgreiche Weblog:
- Entwerfen Sie eine leichte, benutzerfreundliche Navigation.
- Schaffen Sie für eine bestimmte Zielgruppe einen ganz konkreten Nutzen und präsentieren Sie sich entsprechend kompetent.
- Stellen Sie Ihre Persönlichkeit angenehm und sympathisch dar.
- Machen Sie Ihr Weblog über Suchmaschineneinträge bekannt.
- Bilden Sie Netzwerke und suchen Sie den Austausch zu anderen Fachleuten mit einem eigenen Weblog.

Allgemeine und spezielle Business-Kontaktbörsen sind:
- www.xing.com
- www.linkedin.com
- www.access.de
- www.experteer.de
- www.manager-lounge.com

Business Communities

Business-Kontaktbörsen bieten die Möglichkeit, sein berufliches Profil im Internet zu präsentieren und gleichzeitig mögliche neue Arbeitgeber oder Firmenvertreter direkt anzusprechen. Diese können sich dann sofort ein Bild vom beruflichen Werdegang des Bewerbers machen und bei Bedarf umfangreichere Bewerbungsunterlagen anfordern.

Der Unterschied zu einer „normalen" Jobbörse wie z. B. monster.de liegt in der Sichtbarkeit der Teilnehmerprofile für alle Mitglieder – jeder kann jedes vorhandene Profil aufsuchen und bei Interesse eine Nachricht hinterlassen.

Ähnlich wie Internet-Kontaktbörsen sind Business-Kontaktbörsen eine moderne Form der unkomplizierten Ansprache und des Austauschs von Leuten, die sich zunächst nicht kennen. Die Möglichkeit der Kontaktaufnahme ist dabei teils mit einer kostenpflichtigen Premium-Mitgliedschaft verbunden, manchmal jedoch auch kostenfrei.

Ihr Einstieg in eine Business-Kontaktbörse

Suchen Sie sich eine Business-Kontaktbörse aus, die von Ihren Wunscharbeitgebern auch wirklich genutzt wird, und hinterlegen Sie dort Ihr Profil. Beachten Sie, dass diese Informationen auch genau zu Ihrem beruflichen Hintergrund passen bzw. so gestaltet sind, dass sie Ihren schriftlichen Bewerbungsunterlagen entsprechen. Dazu gehören ein passendes Foto, eventuell in Berufskleidung, sowie eine Auflistung der relevanten beruflichen Stationen.

Vermeiden Sie in Ihrem Profil die Erwähnung von unvorteilhaften beruflichen Informationen, wie z. B. mehrere kurzzeitige Beschäftigungsverhältnisse oder Zeiten der Arbeitslosigkeit. Überlegen Sie vorher genau, was Sie von sich erzählen und welche Freunde oder Bekannte Sie in Ihrem Kontaktnetzwerk aufführen wollen.

Seien Sie wählerisch, was die intensiver gepflegten Kontakte angeht. Die Praxis zeigt, dass, je höher man in der Hierarchie (bezogen auf Unternehmen und Position) steht, umso geringer ist die Zahl der Kontakte, von denen Sie profitieren können. Eine hohe Anzahl an Kontakten innerhalb eines solchen Netzwerks kann auch mit einer gewissen Wahllosigkeit und Beliebigkeit einhergehen und verfehlt so das Ziel. Hochrangige Bewerber bevorzugen deswegen zunehmend exklusivere Kontaktbörsen, für die es Zugangsbeschränkungen (Alter, Position, Gehalt, Mitgliedschaft nur auf Empfehlung etc.) gibt. Und eins ist klar: Kontakte, die im Internet hergestellt werden und vielversprechend wirken, müssen recht bald durch eine persönliche Begegnung intensiviert werden. Das gilt natürlich besonders für den Bewerbungsprozess.

Unser Tipp: Nutzen Sie Ihr Profil in einer Business Community für Bewerbungen innerhalb dieser Portale und auch außerhalb. Integrieren Sie beispielsweise den Link zu Ihrem öffentlich einsehbaren Community-Profil in Ihre E-Mail-Signatur. Aber auch auf Ihrer Visitenkarte könnte ein nicht zu komplizierter

Profil-Link stehen. Im Rahmen von Initiativbewerbungen kann beim Telefonat vorab, nach erfolgreich geweckter Neugier, der Hinweis zum aussagekräftigen Profil übermittelt werden und Ihr Gesprächspartner hat unmittelbar und direkt einen Einblick auf Ihren beruflichen Werdegang.

Xing

2003 wurde Xing unter dem Namen OpenBC als Business-Plattform gegründet. Ziel war es, das Knüpfen neuer geschäftlicher Kontakte zu erleichtern, alte Kontakte wiederzufinden (Schul- und Studienfreunde, ehemalige Kollegen und Geschäftsfreunde) und sich in verschiedenen Gruppen im beruflichen und dem Freizeitbereich näherzukommen, um auf diese Weise seine Kompetenz zu zeigen und sich auszutauschen. Kurzum, es ging um die bewusste Bildung von nützlichen Netzwerken.

Ihr Xing-Profil fungiert wie eine eigene Website. Sie können sie jederzeit um Ihre beruflichen Neuigkeiten erweitern oder sie ändern. Über eine bestimmte Funktion bekommen dies alle direkten Kontakte mit – ein guter Aufhänger für die Kontaktpflege. Grundsätzlich ist Xing eine offene Plattform. Es gibt zwei Formen der Mitgliedschaft – die kostenlose und die kostenpflichtige. Allen zugänglich sind aber die Teilnahme an den Gruppen und das Lesen der eingestellten Artikel, eine wahre Fundgrube an Wissen und Ratschlägen. Ausnahmen sind Gruppen, die auch ihre Artikel verschlüsseln. Auch die Nutzung von Xing als eine Art virtueller Arbeitsmarkt ist für alle Mitglieder möglich. Die meisten Gruppen haben eine Jobbörse, in denen die Gruppenmitglieder Aufträge einstellen und bekommen können – egal, ob als Angestellter oder als Freischaffender. Übrigens ist es jederzeit möglich, sein Xing-Profil auch Nicht-Mitgliedern zugänglich zu machen – mit einer Verlinkung zu Google. Diese Entscheidung ist im wahrsten Sinn des Wortes Einstellungssache.

LinkedIn

Wenn Sie sich bei der Jobsuche eher international orientieren, so sollten Sie sich *linkedin.com* näher anschauen. Im Jahre 2003 in den USA gestartet, nutzen weltweit viele Millionen Mitglieder diese Networking-Plattform. Ähnlich wie bei Xing erstellen Sie zunächst ein eigenes Profil, um dann beispielsweise gegenseitig Kontakte zu verknüpfen, Nachrichten zu verschicken, an Gruppen teilzunehmen oder interessante Jobangebote zu finden.

Zielgruppe: Weitestgehend branchen- sowie unternehmensunabhängig, ab etwa 35.000 bis maximal 200.000 € p. a.

Achtung: Achten Sie auf die Qualität Ihrer Selbstdarstellung.

■■■■■□□□□□
niedrig   **Risiko: 5**   hoch

Faustregel bei Xing: Je reger Sie die Möglichkeiten von Xing nutzen, sich in Gruppen engagieren oder selbst eine Gruppe gründen/moderieren, desto größer ist Ihre Chance, aufzufallen. Und genau darum geht es.

Übrigens gibt es Tools wie *vizualize.me* oder *re.vu*, die Ihre bei LinkedIn eingegebenen Lebenslaufdaten visualisieren und in übersichtliche Grafiken verwandeln. Ein toller Effekt!

Haben Sie selbst Hilfestellung erhalten, sollten Sie dies unbedingt anerkennen und Ihrerseits Hilfe im Rahmen Ihrer Möglichkeiten anbieten.

Weitere soziale Netzwerke

Jeder Mensch hat bereits ein Kontaktnetzwerk in der Realität – Familie, Freunde, (Studien-) Kollegen, Geschäftspartner etc. Es liegt an Ihnen, erstens: sich das bewusst zu machen, und zweitens: es bestmöglich zu nutzen, eingeschlafene Kontakte (mit aller Vorsicht) zu reaktivieren, neue zu knüpfen, zwischen Ihren Kontakten zum Nutzen aller zu vermitteln usw.

Aber auch das Internet bietet immer mehr Möglichkeiten, Kontakte zu finden, zu knüpfen und zu pflegen. Diese sozialen Netzwerke haben einen entscheidenden Vorteil: Sie geben Ihnen Gelegenheit, Kontakte über regionale und hierarchische Grenzen zu knüpfen.

Die Chancen sozialer Netzwerke

Kennzeichen eines stabilen effektiven Netzwerks ist die Ausgewogenheit im Geben und Nehmen. Die Basis ist, sich gegenseitig zu helfen, im Rahmen der jeweiligen Möglichkeiten, seinen beruflichen Zielen näherzukommen. Das Ideal ist eine sogenannte Win-win-Situation. Ihr Nutzen sind immer neue Ansprechpartner für Ihre Fragen und damit eine große Vielfalt an Ansichten, aus denen Sie sich dann Ihre eigene Meinung bilden können. Zwischen den Mitgliedern existiert ein schneller Informationsfluss über News aus der Branche, wichtige Termine, einflussreiche Ansprechpartner etc. Virtuelle Kontakte können selbstverständlich auch privat gepflegt werden. Das sollten sie sogar, denn eines erspürt ein virtuelles Netzwerk nicht: die „Chemie".

Je intensiver Sie sich an Ihrem Netzwerk beteiligen, desto eher können Sie sich mit Ihrem Wissen profilieren, werden also selbst zum begehrten Ansprechpartner – z. B. von potenziellen Kunden. Haben Sie ein Anliegen, dürfen Sie in Ihrem Netzwerk effektiv dafür werben. Sie können sich auch nach außen empfehlen durch die Übernahme von „Ämtern"/Aufgaben wie z. B. der Moderatorentätigkeit oder der Bereitschaft, „echte" Treffen zu organisieren.

Was ein guter Netzwerker braucht

Networking erfordert immer auch ein hohes Maß an sozialer Kompetenz. Zuallererst sollten Sie die Regeln der Networketikette kennen, um sich das nötige Vertrauen innerhalb Ihres Netzwerks zu erwerben. Als interessanter Netzwerker sollten Sie über Menschenkenntnis verfügen, um die richtigen Kontakte auszuwählen und ein Netzwerk nicht durch wahlloses „Einsammeln" von Kontakten zu gefährden. Kontaktfreude ist notwendig, aber nur in der richtigen Dosierung. Wichtig ist Loyalität, Respekt (auch vor anderen Meinungen), Einfühlungsvermögen, die Bereitschaft zu vermitteln, Kompromissbereitschaft, aber vor allem Hilfsbereitschaft.

Google+

Das soziale Netzwerk Google+ wurde 2011 gegründet und zeigt viele Ähnlichkeiten zu Facebook, jedoch auch besondere Alleinstellungsmerkmale. Gemeinsam ist beiden, dass man kostenfrei ein Profil anlegen und sich mit anderen Mitgliedern verlinken kann, um dann beispielsweise Texte, Bilder oder Videobotschaften auszutauschen. Es gibt auf Google+ Seiten für einfache Mitglieder, aber auch Firmenpräsenzen, die für Bewerber zur Informationsrecherche und auch für Networking-Aktivitäten interessant sind. Des Weiteren ist Google+ ein empfehlenswertes Medium zur virtuellen Selbstdarstellung, um interessante Links zu beruflich relevanten Seiten zu veröffentlichen und sich auf diese Weise als Experte für ein bestimmtes Thema zu profilieren. Ein weiterer Vorteil von Google+ ist die kinderleichte Verwaltung unterschiedlicher Zielgruppen für die eigenen Artikel: Über sogenannte Kreise können sehr einfach beispielsweise Familienmitglieder und berufliche Kontakte getrennt werden.

Facebook

Seit dem Jahre 2004 hat Facebook im Internet einen unglaublichen Siegeszug angetreten und nach eigenen Angaben im Januar 2013 ca. 1,5 Milliarden Mitglieder. Wahrscheinlich sind auch Sie bereits bei Facebook oder zumindest jemand in Ihrem Umfeld. Facebook boomt. Für Sie als Bewerber stellt sich natürlich die Frage: Muss ich bei Facebook sein, um einen Job zu finden? Nun, es gibt viele beruflich orientierte Netzwerke, z. B. Xing oder LinkedIn. Auch Facebook bietet durchaus berufliche Chancen, denn immer mehr Firmen entdecken dieses besondere soziale Netzwerk für die Mitarbeitergewinnung. Gerade die großen Konzerne haben spezielle Karriereportale auf Facebook installiert. Hier kann man sich informieren, an speziellen Aktionen teilnehmen und sich interaktiv mit der Firma auseinandersetzen. Unsere Empfehlung: Wenn Sie sich für Facebook entscheiden, so verwenden Sie auch hier ein seriöses Profilbild und stellen Sie nur Informationen online, die beruflich unproblematisch sind.

Twitter

Auf dem im Jahre 2006 gegründeten Mikroblogging-Dienst Twitter können Nachrichten mit einer Länge von maximal 140 Zeichen veröffentlicht werden. Sie fragen sich nun: Was kann mir das für meine Karriere nutzen? In der Tat bietet auch dieses soziale Netzwerk interessante berufliche Chancen. Viele Firmen, vor allem große Konzerne, versenden über ihre Twitter-Kanäle Stellenausschreibungen. Hinzu kommt, dass man Twitter wunderbar zur beruflichen Informationsrecherche nutzen kann, da es Twitter-Profile nicht nur von realen Menschen, sondern auch von Firmen, Zeitungen, Instituten, Initiativen oder Vereinen gibt. Ja sogar die Bundesregierung hat mehrere offizielle Twitter-Kanäle, um über wichtige Neuigkeiten schnell zu berichten. Natürlich sind die verschickten Texte stets sehr kurz, wobei man durch integrierte Links auf entsprechend ausführliche Homepages verweisen kann. Mit einer Profilseite, die ein passendes Foto zeigt, die wichtigsten beruflichen Kompetenzen deutlich macht und Kontaktdaten auflistet, ist der Anfang gemacht. Hinzu kommen interessante eigene Twitter-Nachrichten zum beruflichen Fachgebiet und die zielgerichtete Interaktion im Twitter-Netzwerk. Ähnlich wie Facebook wird niemand zu Twitter gezwungen, jedoch sind die ganz realen beruflichen Chancen nicht zu leugnen.

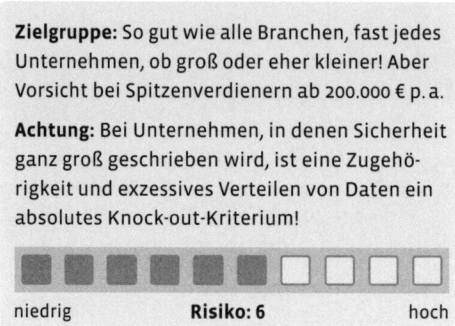

Zielgruppe: So gut wie alle Branchen, fast jedes Unternehmen, ob groß oder eher kleiner! Aber Vorsicht bei Spitzenverdienern ab 200.000 € p. a.

Achtung: Bei Unternehmen, in denen Sicherheit ganz groß geschrieben wird, ist eine Zugehörigkeit und exzessives Verteilen von Daten ein absolutes Knock-out-Kriterium!

niedrig   **Risiko: 6**   hoch

Die eigene Homepage

Gehen Sie auf Nummer sicher
Testen Sie Ihre Seiten auf unterschiedlichen Computern, mit verschiedenen Webbrowsern und unterschiedlichen Bildschirmauflösungen. Nur so können Sie wissen, dass Ihre Homepage auch wirklich fehlerfrei online gehen kann.

Stellen Sie Ihre eigene Homepage ins Internet, auf der Sie sich potenziellen Arbeitgebern präsentieren. Durch diese digitale Visitenkarte erfahren die Entscheider mehr über Sie und Sie fallen positiv auf. Das ist ein nicht unwesentlicher Aspekt, wenn man bedenkt, dass man sich mit einer Bewerbung oft gegen mehrere Hundert Konkurrenten durchsetzen muss. In Ihren schriftlichen Bewerbungsunterlagen weisen Sie dann – auch mittels eines QR-Codes – auf Ihre Seite im Internet hin. Argumente wie: „Der Entscheider hat doch dafür keine Zeit ..." sind Quatsch. Heutzutage wird fast jeder Bewerber gegoogelt. Also hat man ganz sicher Zeit, sich mit Ihnen – wenn Sie denn Interesse auslösen – bereits vorab zu beschäftigen, spätestens aber, wenn man Sie im Vorstellungsgespräch kennengelernt hat.

Wer sich im Computer- oder Multimediabereich bewirbt, von dem wird eine eigene Webseite fast schon erwartet. Aber auch in der Medien- und Kommunikationsbranche kann eine eigene Seite wichtig sein. Es ist an Ihnen, hier eine realistische Einschätzung zu finden. Generell gilt: Eine für Ihre Bewerbung als Unterstützung konzipierte Homepage sollte auf keinen Fall farblich und inhaltlich überladen sein oder gar mit Urlaubsbildern ausgeschmückt werden. Ihr Ziel ist es, sich prägnant, kompetent, hoch motiviert und sympathisch zu präsentieren. Nutzen Sie die Internetsuche und finden Sie Homepages, die ebenfalls zu Bewerbungsunterstützungszwecken „gebastelt" worden sind. Schauen Sie sich deren Gestaltung und die inhaltlichen Schwerpunkte an.

Sechs Regeln für die perfekte Homepage

1. Weniger ist mehr. Versuchen Sie, nicht durch übermäßige grafische Gestaltung, sondern durch eine zweckmäßige und trotzdem kreative Präsentation aufzufallen.
2. Stellen Sie wichtige inhaltliche Punkte auch gut sichtbar sowie leicht erreichbar in den Vordergrund.
3. Vergessen Sie nicht, auch etwas über Ihre Persönlichkeit zu kommunizieren, und vermeiden Sie Links zu zweifelhaften Internetseiten.
4. Auch Ihre direkten Kontaktmöglichkeiten sollten stets leicht auffindbar sein.
5. Achten Sie auf Metatags, damit Ihre Homepage auch von den Suchmaschinen möglichst gut gefunden wird (weitere Infos unter: *www.suchfibel.de*).

6. Halten Sie die Daten und die Gestaltung Ihrer Homepage stets auf dem aktuellen Stand.

Technische Realisation

Sie benötigen ein entsprechendes Webeditor-Programm wie z. B. Microsoft Expression Web. Es ist auch möglich, bei PowerPoint oder Word die erzeugten Seiten im Format HTML abzuspeichern, jedoch zeigt dieser erzeugte Code gewisse Schwächen bei bestimmten Webprogrammen. Abseits davon stellen manche Internetanbieter einfache Webeditoren zusammen mit benutzerfreundlichen Online-Baukästen zur Verfügung, die beim Kauf der Internetadresse kostenlos mitenthalten sind. Die meisten Internetprovider bieten übrigens eigene Homepages als kostengünstigen Service für ihre Kunden an. Wenn Ihnen die grafische Gestaltung und technische Umsetzung Ihrer Homepage zu viel Mühe macht und das Ergebnis vermutlich eher laienhaft wäre, lohnt es sich in jedem Fall, einen professionellen Webdesigner zu beauftragen. Kosten: ab etwa 200 € aufwärts!

Inhaltliche Umsetzung

Zu den Inhalten einer Homepage gehören: eine Kurzvorstellung der eigenen Person mit den wichtigsten Daten, ein Lebenslauf, den man direkt ausdrucken kann, sowie ausgewählte Zeugnisse und eventuell Arbeitsproben (Fotos). Selbstverständlich können Sie sensible Daten wie Zeugnisse oder Arbeitsproben durch ein Passwort geschützt nur einer speziellen Personengruppe zugänglich machen. Dieses Passwort übermitteln Sie dann einfach zusammen mit Ihren schriftlichen Bewerbungsunterlagen oder beim telefonischen Kontakt einer Initiativbewerbung. Überlegen Sie sich gut, ob Sie aufwendige Animationen oder umfangreiche multimediale Inhalte in Ihre Seite integrieren wollen. Das kostet die Besucher oft unnötig viel Zeit. Verwenden Sie ein Layout, das den Erwartungen Ihrer Zielgruppe entspricht und trotzdem Ihre eigene Persönlichkeit angemessen präsentiert.

Auf den Punkt gebracht

Ihre eigene Website – auch eine intelligente Möglichkeit sich zu präsentieren. Die Entscheider erfahren mehr über Sie, und bei einer gut gemachten Präsentation heben Sie sich positiv von Ihren Mitbewerbern ab. In Ihren schriftlichen Bewerbungsunterlagen weisen Sie entsprechend auf Ihre Seite im Internet hin. Schnellster Zugriff: ein QR-Code. Und wenn Sie in den engeren Kreis potenziell einzuladender Kandidaten kommen (aufgrund Ihrer überzeugenden schriftlichen Unterlagen) wird man sich ganz sicher auch Ihre Website anschauen. Hier können Sie übrigens unter einem Passwort für potenzielle Arbeitgeber weitere Infos zu Ihrer Berufsvita anbieten, die nicht gleich jedermann zugänglich gemacht werden sollten.

Ein ganz besonderer Hingucker in Sachen Positiv auffallen mit einer eigenen Präsentation im Net: die englischsprachige Seite about.me (*https://about.me/*). Mit Ihrem QR-Code (s. S. 82 und 134) könnten Sie den Leser und Empfänger Ihrer Unterlagen auch direkt

Domainname
Die beste Variante ist eine Webadresse, die den eigenen Namen enthält, also z. B. www.sandra-schelling.de für eine Homepage von Sandra Schelling. Welche Namen mit dem Abschlusskürzel „de" noch nicht vergeben sind, erfahren Sie unter *www.denic.de*.

auf diese Seite führen und sich in solch einer ausgeklügelten und anspruchsvollen Weise präsentieren und auch noch weiterleiten auf Facebook, Twitter, etc. – ganz wie Sie wollen. Irgendwann, wenn's jeder Dritte macht, uninteressant. Aber aktuell macht es nicht einmal jeder Tausendste!

Auch sehr originell: Sie nutzen die Timeline bei Facebook für Ihre Bewerbung. Da die Timeline die Ereignisse chronologisch anordnet – das neueste Ereignis ganz oben –, können Sie hier auch Ihren Lebenslauf einstellen und wichtige Stationen zu Ausbildung und zum beruflichen Werdegang platzieren. Dann benötigen Sie zwei gute Fotos. Für kreative Berufe ist das ein echter Hingucker! Am besten legen Sie sich hierfür zusätzlich zu Ihrer privaten Seite eine Unternehmensseite an. Das hat auch den Vorteil, dass Besucher Ihrer Seite auf „Gefällt mir" klicken können und Ihre Seite so bekannter wird. Alternativ können Sie natürlich auch in Ihren schriftlichen Bewerbungsunterlagen auf Ihre Facebook-Seite verweisen, z. B. mithilfe eines QR-Codes. Seien Sie aber vorsichtig mit der Veröffentlichung von Zeugnissen etc. Besser ist es, wenn Sie diese nur auf Anfrage verschicken.

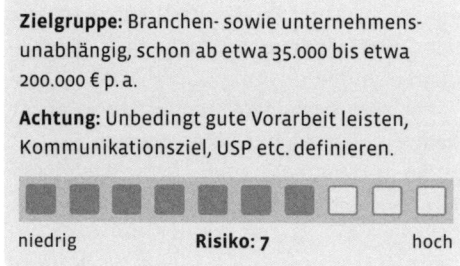

Zielgruppe: Branchen- sowie unternehmensunabhängig, schon ab etwa 35.000 bis etwa 200.000 € p. a.

Achtung: Unbedingt gute Vorarbeit leisten, Kommunikationsziel, USP etc. definieren.

niedrig   **Risiko: 7**   hoch

Videobewerbung, Videobotschaft

Haben Sie Ihre Traumstelle gefunden, gibt es für Sie einen besonderen audiovisuellen Weg, diese zu erobern, der immer beliebter wird – per Videobewerbung.

Wenn Unternehmen auf ihren virtuellen Karriereportalen mit Videos für sich werben, so können das Bewerber natürlich ebenso: Mit einem kurzen, professionellen Bewerbungsvideo, das neugierig macht. Ein Hauptbeweggrund für die Einstellung eines Kandidaten sind neben seiner fachlichen Qualifikation seine viel beschworenen Soft Skills (also alles, was zwischenmenschlich notwendig ist, um in einem Unternehmen erfolgreich zu sein) und die Sympathie. Wenn schon das Foto auf einer Bewerbung für den Entscheidungsprozess wichtig ist – wie viel mehr können Sie durch ein ganzes Video erreichen! Mit einer guten Vorbereitung haben Sie es in der Hand, einen Personaler von sich zu überzeugen. Eine aufrechte Körperhaltung, ein direkter offener Blick, ein Lächeln und ein Text, der in 30 Sekunden bis maximal zwei Minuten auf den Punkt bringt, weswegen Sie die beste Wahl sind – gepaart mit einer seriösen Kleidung vor einem geeigneten Hintergrund – zeigen Ihr Engagement, Ihr Auftreten und Ihre Überzeugungskraft.

Amerikanische Bewerber, die die Videoplattform YouTube für ihre Karrieregestaltung nutzten, haben weltweit Nachahmer gefunden. Die Videobewerbung wird auch bei Unternehmen immer beliebter. Hinzu kommt, dass man Videobotschaften auch in sein Profil auf Business Communities integrieren kann.

Natürlich gehört die Videobewerbung zu den neueren und hierzulande noch eher selten verwendeten Bewerbungsformen. Und in kreativen Branchen wird sie häufiger eingesetzt als in eher konservativen Geschäftsfeldern.

Eine Videobewerbung muss kurz, sehr informativ und möglichst spannend sein, schon allein durch die Machart können Sie überzeugen. Zeigen Sie Ihre (job-)relevanten Facetten, verzichten Sie auf langatmige atmosphärisch schöne Einleitungen und begründen Sie die Verbindung zum Unternehmen. In Amerika gibt es bereits Agenturen, die diese Bewerbungen auf Wunsch mit potenziellen Arbeitgebern verlinken. Die Videobewerbung kann aber sicherlich nur ein Teil Ihrer vollständigen Bewerbung inklusive schriftlicher Unterlagen sein.

Im Internet findet man Dienstleister, die die professionelle Gestaltung eines solchen Videos anbieten. Wer sich die Umsetzung selbst zutraut, bekommt technische Unterstützung z. B. in Gestalt der Software der Firma CVone. Laut Aussage des Erfinders Steve Riedel verkürzt eine Videobewerbung den Entscheidungsprozess um 50 bis 80 Prozent – bares Geld für die Unternehmen. Die Software ist in drei Teile gegliedert. In einem ersten Teil erhält der Bewerber die Möglichkeit, seine Unterlagen hochzuladen. Sie können später vom Personaler ausgedruckt werden. Für die eigentliche Bewerbung steht dem Bewerber ein Textfeld zur Verfügung, in dem er den Text, den er sprechen möchte, verfassen kann. Über seine eigene Webcam oder eine Webcam der Firma kann er seine Bewerbung filmen, so oft er möchte. Eine große Erleichterung ist hierbei der eingebaute Teleprompter, auf dem er den von ihm verfassten Text ablesen kann. Die Besonderheit: Man kann bis zu zehn Videos mit bis zu fünf Minuten Länge (was nicht zu empfehlen wäre, weil viel zu lang!) aufnehmen und sie nach Themen betiteln („Meine berufliche Laufbahn", „Meine Auslandserfahrungen", „Meine Interessen"). Nach der Aufnahme bietet die Software alle nötigen Werkzeuge zur Videobearbeitung inklusive verschiedenen Layouts für die Bewerbung an. Ein Import eines externen Videos ist natürlich ebenso gut möglich.

Eine einfach handhabbare Software dieser Art nimmt die Hemmschwelle auch für ältere Bewerber, denen der technische Aufwand für eine solche Art der Bewerbung zu hoch erscheint.

Für Unternehmen bietet die Software noch einen besonderen Service. Sie können auf ihren Stellenanzeigen dem interessierten Leser die Funktionen von CVone zur Verfügung stellen, der damit praktisch, schnell und kostenlos seine Bewerbungsabsicht in die Tat umsetzen kann. Zusätzlich gibt es die Möglichkeit, dem Bewerber zur Bearbeitung seines Vorstellungstextes Fragen zu erwünschten Antworten mitzuliefern. So muss der Bewerber nicht allzu sehr im Trüben fischen, sondern bekommt vom Unternehmen alle wichtigen Punkte, auf die er eingehen sollte, sozusagen frei Haus – ein Vorteil für beide Seiten.

Es gibt einige Internetplattformen, die Privatvideos zu den unterschiedlichsten Themen sammeln und verwalten, z. B.:
- www.youtube.com
- www.myvideo.de
- www.myspace.com

Erfolgreiche Beispiele zeigen: Ob konservativ oder innovativ und kreativ – wichtig ist, dass das Video zur Zielgruppe, also den bevorzugten Arbeitgebern passt und das eigene Profil sympathisch, interessant präsentiert wird.

Generell nicht zu vergessen: eine Chance bei YouTube. Hier kann man unkompliziert sein Bewerbungsvideo hochladen und anderen bekannt machen.

Zielgruppe: Fast branchen- sowie unternehmensunabhängig, schon ab etwa 25.000 € p. a., nicht aber über 80.000 € p. a.

Achtung: Sich unbedingt Unterstützung holen und die richtige Vorarbeit leisten.

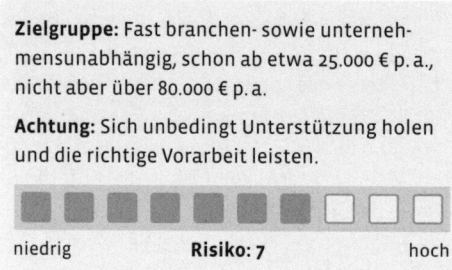

niedrig **Risiko: 7** hoch

Vorstellungsgespräch per Webcam

Ein relativ neuer und recht ungewöhnlicher Bewerbungsweg kann nach erfolgreichem Versand der Bewerbungsunterlagen folgen: das Vorstellungsgespräch per Webcam. Gerade wenn zwischen Firma und Bewerber eine große geografische Distanz liegt, lässt sich auf diese Weise Zeit und Geld sparen, um einen ersten Eindruck vom Kandidaten zu bekommen. Meistert er auch diese Hürde, folgt die Einladung zu einem klassischen Vorstellungsgespräch, direkt vor Ort in der Firma.

Worauf muss man als Bewerber bei solchen Gesprächen achten? Zunächst einmal sind da die technischen Voraussetzungen: Sorgen Sie für eine stabile, schnelle Internetverbindung und verwenden Sie die aktuellste Software, z. B. Skype. Testen Sie im Freundeskreis die Audio- und Bildqualität. Wichtig ist auch, einen neutralen Bildhintergrund zu wählen und in passender Kleidung nicht zu nah, aber auch nicht zu weit vor der Kamera seinen Platz zu finden. Zum vereinbarten Gesprächstermin sollten Sie Ihre Bewerbungsunterlagen zur Hand haben und in Ruhe sprechen können, also nicht durch Mitbewohner oder Telefonanrufe unterbrochen werden. Inhaltlich gibt es keine großen Unterschiede zum traditionellen Vorstellungsgespräch, außer die noch ungewohnte Form. Bisweilen werden Sie auch in eine Niederlassung des Unternehmens eingeladen und führen von dort aus diese Art des Vorstellungsgespräches z. B. mit der Zentrale im Ausland.

Unsere Empfehlung: Bereiten Sie vorab klare, prägnante Statements zu Ihrer Kompetenz und Leistungsmotivation vor, z. B. wichtige berufliche Stationen und Ausbildungen. Hinzu kommt, dass man Ihre Persönlichkeit näher kennenlernen will, dass also Ihre Soft Skills, Ihre Körpersprache und natürlich auch Hobbys von Interesse sein können. Nach diesem Gespräch ist eine kleine Danksagung per E-Mail ratsam, bei der man sich gleichzeitig nochmals über den weiteren Ablauf erkundigen kann.

Zielgruppe: Branchen- sowie unternehmensunabhängig, schon ab 25.000 bis 150.000 € p. a.

Achtung: Sie sollten sich unbedingt Unterstützung leisten und die richtige Vorarbeit einplanen.

niedrig **Risiko: 7** hoch

NEUE PERSÖNLICHE FORMEN UND WEGE

Übersicht

- **NETWORKING**
- **FÜRSPRECHER UND REFERENZEN**
- **GUTE VERBINDUNG – BEWERBEN PER TELEFON**
- **WEITERE MÖGLICHKEITEN DER KONTAKTAUFNAHME**
- **BESTECHENDE EINSTIEGSOFFERTEN**

Perfekt aufbereitete Bewerbungsunterlagen, innovative gestalterische Ideen und das Spielen mit den neuen Medien sind das eine – das andere ist der persönliche Kontakt, von Angesicht zu Angesicht oder zunächst am Telefon. Erst dann wird sich herausstellen, ob die Chemie zwischen Ihnen und Ihrem Gegenüber stimmt, ob Sie einen sympathischen, hoch motivierten, kompetenten Eindruck vermitteln können und so Ihrem Ziel ein bisschen näher kommen. In diesem Kapitel geht es um die persönliche Begegnung.

Zunächst stellen wir Ihnen kurz vor, wie es Ihnen gelingen kann, andere Menschen für sich einzunehmen. Dann wenden wir uns den Möglichkeiten zu, die Sie haben, um in einem persönlichen Gespräch Ihr Bewerbungsvorhaben optimal voranzubringen. Wie gelingt es Ihnen, Kontakt aufzunehmen? Wie schaffen Sie es, bis zu Ihrer „Zielperson" vorzudringen, um durch die direkte Begegnung und den Austausch die Weichen in Ihrem Sinne zu stellen?

Abschließend stellen wir Ihnen noch einige eher unkonventionelle Möglichkeiten vor, wie Sie – wenn es mit dem unbefristeten Arbeitsvertrag in Ihrem Wunschunternehmen nicht gleich klappen sollte – zumindest den Einstieg dort schaffen können. Auch damit erzielen Sie zusätzliche Aufmerksamkeit und haben unter Umständen genau das Quäntchen Glück, das Ihnen noch gefehlt hat …

Networking

Wer kann Sie unterstützen?
- Führungskräfte
- Mitarbeiter der Personalabteilung
- Betriebsratsmitglieder
- Chefsekretärinnen
- Projektleiter
- Mitarbeiter mit einem gut funktionierenden Beziehungsnetzwerk

Die persönliche Beziehungspflege im und für Ihren Job ist ein absolut wichtiger, vielleicht sogar entscheidender Bestandteil Ihres beruflichen Erfolges – die fehlende personelle Vernetzung am Arbeitsplatz ein großes, wenn nicht das größte Beschäftigungsverlustrisiko für Sie als Arbeitnehmer. Gute persönliche Kontakte zu anderen, egal ob Vorgesetzte, Kollegen oder sogar Kunden, fungieren als Sicherheitsnetz in unsicheren Zeiten. Aber auch Bekannte, Nachbarn, Freunde und Verwandte, alle zählen potenziell zu Ihren Unterstützern.

Dabei ist es allerdings mit dem Networking wie mit dem Erlernen vieler anderer Fertigkeiten auch: Es ist mit Arbeit, Fleiß und permanentem Üben verbunden, zahlt sich nicht immer sofort aus und zeigt umso mehr Wirkung, wenn es zu Ihnen und Ihrer Lebenssituation passt.

Grundvoraussetzung: Sie trauen sich, gezielt nach Unterstützung zu fragen, wenn Sie sie benötigen. Sie werden erstaunt sein, wie viele Menschen bereit sind, Ihnen zu helfen. Formulieren Sie Ihr Anliegen kurz und ohne Umschweife; seien Sie nicht irritiert oder beleidigt, wenn Sie damit gelegentlich auch einmal keinen Erfolg haben, sondern analysieren Sie, woran es gelegen haben könnte. Und erwarten Sie nicht zu viel!

Von Vorbildern lernen:
Überlegen Sie, welche Ihrer Bekannten großartige Networker sind. Beobachten Sie diese Menschen genau und lernen Sie von ihnen. Betrachten Sie Networking als eine Art Fremdsprache. Am besten lernt man diese von „Muttersprachlern".

Mögliche Fragen:
- Wie fanden Sie den Einstieg in Ihr Berufsfeld, in diese spezielle Position?
- Was gefällt Ihnen an Ihrem Beruf am besten?
- Was stört Sie am meisten an Ihrer Arbeit?
- Würden Sie sich wieder für Ihren Tätigkeitsbereich entscheiden und warum?
- Mit wem, der ebenfalls in diesem Bereich arbeitet, sollte ich noch reden?

Bestehende Kontakte

Hier kommt zunächst eine rein systematische Fleißarbeit auf Sie zu: Erstellen Sie ein Netzwerkorganigramm. Schreiben Sie alle Menschen auf, die Sie kennen und mit denen Sie bereits zu tun hatten. Ordnen Sie sie nach beruflichen Kriterien und Positionen. Nun suchen Sie systematisch nach den Personen, die Sie im oder für Ihren Job voraussichtlich am besten unterstützen können. Machen Sie einen „roten Kreis" um den Namen dieser Personen.

Prüfen Sie nun nochmals jeden einzelnen Kontakt und suchen Sie nach denen, die Ihnen sympathisch sind und von denen Sie vermuten oder wissen, dass sie Sie ebenso mögen. Kennzeichnen Sie diese Namen mit einem Textmarker. Tragen Sie anschließend systematisch alle wichtigen Informationen zusammen. Schreiben Sie jeden markierten Namen auf eine Karteikarte oder legen Sie auf Ihrem PC eine Datei an. Hier notieren Sie alles, was Sie über die Person wissen: Name, Telefonnummer, E-Mail, Abteilung, Position, vorherige Tätigkeit, Werdegang, gegebenenfalls Adresse/Wohnort, (ungefähres) Alter, Geburtstag, Familie/Kinder, Hobbys, Urlaubsziele, aber auch berufliche Dinge wie Position oder fachliche Schwerpunkte.

Egal wie gut Ihr Gedächtnis ist – aktualisieren Sie diese Karteikarte um all das, was Sie im Laufe der Zeit zusätzlich erfahren. Jede Information, die Sie erhalten, kann irgendwann wichtig sein, um einen Anknüpfungspunkt zu finden.

Neue Kontakte

Sie konnten mit allen Personen Ihres Networking-Plans sprechen, haben zum Teil Folgetermine vereinbart bzw. bleiben auf Arbeitsebene regelmäßig in Kontakt. Nun geht es darum, Ihr Organigramm zu erweitern. Ergänzen Sie es um Personen, die Sie voraussichtlich in Ihrem Job unterstützen können, die Sie aber noch nicht kennen. Machen Sie einen blauen Kreis um diese Personen und legen Sie für sie Karteikarten an. Versuchen Sie auch hier, genauso gezielt Informationen zu sammeln, vor allem aber, diese Personen aktiv kennenzulernen. Fragen Sie Ihre bisherigen Kontakte, ob jemand diese für Sie „wichtigen" Leute kennt. Können Sie sich vorstellen lassen? Finden Sie heraus, wo sich die Personen üblicherweise aufhalten. Sammeln Sie alle Detailinfos, die Sie bekommen. Beziehen Sie Ihr privates Netzwerk mit ein: Vielleicht gibt es auch hier jemanden, der jemanden kennt, der einen kennt ... der Ihnen helfen kann. Grundsätzlich gilt: Alle neuen Kontakte sind gute Kontakte. Nehmen Sie also an Projektmeetings teil, gehen Sie in die Betriebssportgruppe, lassen Sie keine Feier aus. Bewegen Sie sich im Zentrum der Macht. Überall, wo sich eventuell Führungskräfte aufhalten und Sie freien Zutritt haben, sollten auch Sie unbedingt auftauchen. Das heißt: Gehen Sie zu Vorträgen, wo Unternehmenschefs auftreten, sprechen, zusammenkommen, sich austauschen usw.

Falls Sie ein neues Berufsfeld außerhalb Ihrer jetzigen beruflichen Tätigkeit ansteuern, sollten Sie eine Liste mit Fragen zum neuen Fachgebiet zusammenstellen. Wenn Sie dann mit Kontaktpersonen aus diesem Bereich sprechen, bekommen Sie schnell einen guten Überblick über aktuelle Trends, Probleme und Chancen in der von Ihnen angestrebten Position.

Konkrete Unterstützung

Bevor Sie Ihr Beziehungsnetzwerk aktiv nach beruflicher Unterstützung fragen, müssen Sie selbst genau wissen, was Sie erreichen wollen. Nur so können Sie gezielt vorgehen. Falls

Wussten Sie das?
Es ist oft nicht der Vorstand, der einem die Tür öffnet, sondern häufig die Sekretärin, die in dem Unternehmen alles und jeden kennt und die z. B. weiß, welche Stellen offen und noch nicht ausgeschrieben sind. Halten Sie also einen guten Kontakt zu dieser wichtigen Person!

Überlegen Sie genau:
- Was ist Ihr Ziel?
- Wie sollte die Unterstützung aussehen?
- Was erwarten Sie von Ihren Allianzen?
- Was sind Sie selbst bereit dafür zu geben?

Bedanken Sie sich stets umgehend bei Ihren Unterstützern. Berichten Sie, warum gerade die Gespräche mit Frau X und Herrn Y so wichtig für Sie waren. So zeigen Sie, dass Sie sich über die Hilfe wirklich gefreut haben, und erhöhen die Chance, auch zukünftig weitere Unterstützung zu bekommen.

Überlegen Sie auch außerhalb der Arbeitswelt, wie Sie sich für einen Gefallen revanchieren können: vielleicht mit einem Reiseführer für den anstehenden Urlaub oder mit einer Kontaktadresse für den dringend benötigten Kindergartenplatz?

Sie z. B. in einer anderen Firma tätig werden möchten, muss zu erkennen sein, welch großes Interesse und welche Vorkenntnisse Sie für den angestrebten Job mitbringen. Niemand kann es sich leisten, seinen eigenen Ruf dadurch aufs Spiel zu setzen, dass er Leute empfiehlt, die für bestimmte Positionen ganz einfach nicht geeignet sind.

Überlegen Sie sich daher vorab, wer positive Aussagen über Sie und Ihre Leistungen machen kann. Bitten Sie diese Personen um Kooperation; besprechen Sie im Vorfeld, welche Auskünfte über Sie gegeben werden sollten. Lassen Sie nicht andere die Vorarbeit machen. Niemand wird sich überlegen, in welcher Abteilung, in welchem Unternehmen es denn nett für Sie wäre!

Beziehungsnetz-Pflege

Zeigen Sie Ihren Mitmenschen, wie wichtig diese für Sie sind, und nehmen Sie sich Zeit. Stellen Sie sicher, dass Ihre Networking-Kontakte nicht das Gefühl bekommen, von Ihnen nur als nützliche Ratgeber instrumentalisiert und ausgenutzt zu werden. Suchen Sie in regelmäßigen Abständen den Kontakt. Nicht immer ist ein persönliches Treffen möglich und nötig. Selbst mit kurzen Telefonaten oder E-Mails können Sie Ihr Gegenüber bestens auf dem Laufenden halten.

Ihr Beziehungsnetzwerk wird längerfristig nur funktionieren, wenn auch andere von Ihren Fähigkeiten und Ihren Kontakten profitieren. Überlegen Sie daher, was Sie wiederum für andere Personen tun können, womit Sie Ihrem Netzwerk nutzen. Sind Sie in der Lage und willens, Arbeiten zu übernehmen? Haben Sie Informationen oder Kontakte, die für andere wichtig sind? Anregungen dazu finden Sie in Ihren Karteikarten-Notizen.

Wählen Sie einen geeigneten Zeitpunkt, um Ihr Anliegen vorzutragen. Ist Ihre Kontaktperson im Stress oder entspannt? Auch das ist wichtig für Ihren Erfolg. Sie müssen stets gut vorbereitet in Networking-Gespräche gehen, damit die entscheidenden Punkte in kurzer Zeit angesprochen und durchgearbeitet werden können. Drei bis vier Sätze rund um die Angelegenheit, in der Sie um Unterstützung bitten, dann sollten Sie das Thema wechseln (es sei denn, der Gesprächspartner fragt weiter nach).

Lassen Sie dem anderen Zeit zum Überlegen, schlagen Sie z. B. vor: „Ich melde mich nächste Woche wieder bei Ihnen, vielleicht ist Ihnen bis dahin eine nette Kontaktperson eingefallen, die in der Abteilung XY arbeitet." Melden Sie sich in jedem Fall zum vereinbarten Zeitpunkt wieder und verdeutlichen Sie so, wie ernst Ihnen diese Anfrage ist.

Zielgruppe: Alle, unabhängig von der Branche, Unternehmensgröße, Position und dem Bruttojahreseinkommen.

Achtung: Kontakte sorgfältig pflegen, geben und nehmen, konkrete Ziele verfolgen.

■ ■ ■ ■ ■ ☐ ☐ ☐ ☐ ☐
niedrig   Risiko: 5   hoch

Fürsprecher und Referenzen

Überlegen Sie sorgfältig, wer sich gerne und kompetent über Sie und Ihre Arbeit äußern könnte. Man benötigt ein wenig Fingerspitzengefühl, um eine solche Form der Unterstützung zu erbitten. Wenn Sie Ihr berufliches wie privates Netzwerk gut pflegen und anderen auch einmal gerne einen Gefallen tun (s. S. 150), wird es sicherlich eine oder mehrere Personen geben, die Ihnen in den Sinn kommen. Wichtige Voraussetzung: Dieser Fürsprecher ist Ihnen gegenüber wohlwollend eingestellt und kann einigermaßen brauchbar und glaubwürdig eine positive Botschaft über Ihre Person, Ihre Kompetenz, Leistungsfähigkeit und Ihre Wesensart abgeben. Drängen Sie aber niemanden dazu!

Besprechen Sie mit der jeweiligen Person recht genau, wie sie sich (mündlich oder schriftlich) über Sie äußern soll und auf welche Punkte es Ihnen besonders ankommt. Ihre Kommunikationsziele müssen also im Vorfeld klar sein. Natürlich würde es kolossal helfen, wenn Ihr Fürsprecher Ihre spezielle Zielperson (z. B. einen potenziellen Arbeitgeber) kennt oder sogar in einer besonderen Beziehung zu dem Menschen steht, gegenüber dem er sich positiv über Sie äußern soll. Das ist sicherlich leichter, als von sich aus auf jemanden gezielt zuzugehen und eine Empfehlung auszusprechen.

Mehr über Empfehlungsschreiben und Referenzadressen als Teil Ihrer schriftlichen Unterlagen finden Sie auf S. 77.

Zielgruppe: Banken, Versicherungen, Handel, Dienstleistung, Medizin, Wissenschaft, Chemie-/Pharmabranche, wichtig für alle Führungspositionen ab Teamleiter.

Achtung: Weiß Ihr Fürsprecher wirklich, was er an Auskünften über Sie geben soll?

niedrig **Risiko: 6–8** hoch

Vorträge halten

Zugegeben: Nicht ganz einfach, nicht für jedermann geeignet, aber auch nicht gänzlich unmöglich. Überlegen Sie, zu welchem Thema (mit beruflichem Bezug) Sie wo auf interessierte Zuhörer stoßen könnten. Sind die Ergebnisse Ihrer Abschlussarbeit für eine bestimmte Zielgruppe interessant, müssen Sie nur noch den Organisator finden, der Ihnen einen Auftritt vor (Fach-)Publikum ermöglicht. Hieraus können sich wertvolle neue Kontakte für Sie ergeben.

Wen können Sie ansprechen?
- Ausbilder
- Vorgesetzte
- (ehemalige) Kollegen
- Geschäftspartner
- Mitarbeiter
- Freunde
- Bekannte
- Vereinsvorstand

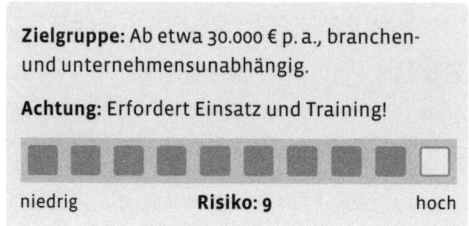

Zielgruppe: Ab etwa 30.000 € p. a., branchen- und unternehmensunabhängig.

Achtung: Erfordert Einsatz und Training!

niedrig — **Risiko: 9** — hoch

Vorträge besuchen

Was zählt, sind persönliche Begegnungen.

Besuchen Sie Veranstaltungen, insbesondere Vorträge, und verschaffen Sie sich Kontakt zum Referenten oder anderen Personen, die wichtig und involviert sind. Je näher das Thema an dem von Ihnen angestrebten Arbeitsumfeld ist, desto eher kann der Referent eventuell für Sie etwas tun, Verbindungen schaffen. Dazu hilft ein Training Ihrer Kontakt- und Kommunikationsfähigkeit. Entscheidend ist, wie Sie auf Leute zugehen und spontan eine vertrauensvolle Beziehung aufbauen können. Leicht gesagt und nicht ganz einfach umgesetzt, aber es funktioniert.

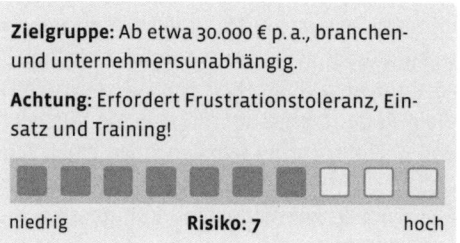

Zielgruppe: Ab etwa 30.000 € p. a., branchen- und unternehmensunabhängig.

Achtung: Erfordert Frustrationstoleranz, Einsatz und Training!

niedrig — **Risiko: 7** — hoch

Essenseinladung

Haben Sie eine genaue Vorstellung davon, wer Ihnen helfen könnte, den Job zu erobern, den Sie sich wünschen? Es lohnt sich, darauf Zeit zu verwenden und hier die entscheidenden Personen zu identifizieren. Denn wenn Sie fündig geworden sind, rufen Sie die Zielperson an (besser vorab eine Mail oder einen Brief schreiben) und laden Sie Ihren Gesprächspartner, von dem Sie annehmen, er könnte direkt oder indirekt in beruflicher Hinsicht etwas für Sie tun, mittags zum Essen (Business-Lunch) ein. Natürlich muss so ein Gespräch von Ihnen sehr gut vorbereitet werden und selbstverständlich dürfen Sie nicht gleich mit der Tür ins Haus fallen … aber es funktioniert (meistens!).

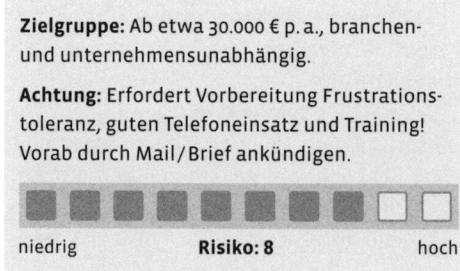

Zielgruppe: Ab etwa 30.000 € p. a., branchen- und unternehmensunabhängig.

Achtung: Erfordert Vorbereitung Frustrationstoleranz, guten Telefoneinsatz und Training! Vorab durch Mail/Brief ankündigen.

niedrig — **Risiko: 8** — hoch

Interview für Buchprojekt oder sonstige Publikation

Kennen Sie jemanden, von dem Sie annehmen, er könne in beruflicher Hinsicht etwas für Sie tun? Rufen Sie Ihre Zielperson an (besser vorab eine Mail oder einen Brief schreiben). Bitten Sie um ein Interview, ein persönliches Gespräch, denn Sie recherchieren gerade für einen Fachartikel, ein Fachbuch oder sonstiges Projekt und Ihr Gegenüber hat zu diesem Thema zweifelsohne eine große Kompetenz (schmeicheln Sie ihm ruhig ein wenig). Selbstverständlich gilt auch hier wieder: So ein Gespräch muss sehr gut vorbereitet werden und Sie dürfen mit Ihrem eigenen beruflichen Anliegen keinesfalls gleich mit der Tür ins Haus fallen ... aber der erste Kontakt ist geknüpft und mit einem bisschen Glück und Geschick entwickelt sich etwas daraus ...

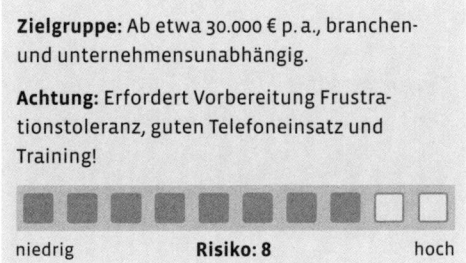

Zielgruppe: Ab etwa 30.000 € p. a., branchen- und unternehmensunabhängig.

Achtung: Erfordert Vorbereitung Frustrationstoleranz, guten Telefoneinsatz und Training!

niedrig   **Risiko: 8**   hoch

Job-Speeddating organisieren

Ist es nicht so: Für sich selbst in eigener Angelegenheit kann man sich oft nicht so einsetzen wie für andere. Wenn das bei Ihnen auch so ist, überlegen Sie mal, ob Sie nicht für andere, die in ähnlicher Situation, im ähnlichen oder gleichen beruflichen Umfeld einen Job suchen, ein Job-Speeddating organisieren wollen. Dazu braucht es nicht nur Arbeitsplatzsuchende wie Sie, sondern die Arbeitsplatzanbieter-Fraktion will auch beworben, sprich angesprochen und eingeladen werden. Bei diesen Aktivitäten werden Sie zwangsläufig auf interessante Arbeitsplatzanbieter stoßen und ins Gespräch kommen, vor, bei und nach so einer Veranstaltung (mit der sich sogar auch noch Geld verdienen lässt). Sicher ein gewisser Aufwand, aber es kann funktionieren ...

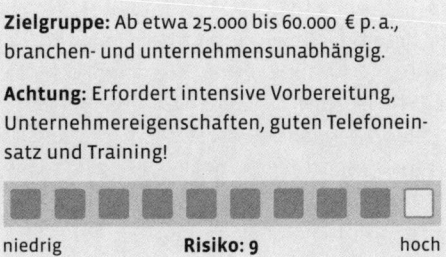

Zielgruppe: Ab etwa 25.000 bis 60.000 € p. a., branchen- und unternehmensunabhängig.

Achtung: Erfordert intensive Vorbereitung, Unternehmereigenschaften, guten Telefoneinsatz und Training!

niedrig   **Risiko: 9**   hoch

Gute Verbindung – bewerben per Telefon

Telefonsituationen:
- Informationen sammeln
- Kontakt aufnehmen
- Kontakt weiter halten
- Nachfassen
- trotz Absage Kontakt halten
- sich melden nach dem Vorstellungsgespräch
- Initiativbewerbung unterstützen
- (Rück-)Anrufe potenzieller Arbeitgeber

Die meisten Bewerber verlassen sich ausschließlich auf ihre schriftlichen Bewerbungsbemühungen und warten auf eine Einladung zum Vorstellungsgespräch. Obwohl Informationen eigentlich am schnellsten und leichtesten über das Telefon weiterzugeben sind, haben viele Bewerber Hemmungen, ihre potenziellen Arbeitgeber anzurufen. Viele fürchten, nicht die richtigen Worte zu finden oder einen schlechten Eindruck zu hinterlassen. Dabei liegen die Vorteile eines Telefonats klar auf der Hand: Durch einen Anruf kann man sich bereits in der ersten Bewerbungsphase positiv von anderen Kandidaten abheben, bevor die Bewerbungsunterlagen bewertet werden. Die meisten Unternehmen suchen kontaktfreudige und kommunikative Mitarbeiter. Ein gut vorbereitetes Telefongespräch ist also die beste Möglichkeit, die eigene Kommunikationsfähigkeit (soziale Kompetenz) unter Beweis zu stellen. Rechnen Sie immer damit, dass sich Ihr Gesprächspartner Notizen über Sie macht, und bereiten Sie deshalb ein solches Telefongespräch unbedingt gründlich, am besten schriftlich, vor. Einfach nur mal so anzurufen wäre sehr leichtsinnig. Optimale Voraussetzungen sind ein ruhiger Ort, die richtige Zeit und die Möglichkeit, sich nebenbei Notizen zu machen. Überlegen Sie sich im Vorfeld: Wen wollen Sie sprechen, was genau fragen, was von sich mitteilen?

Informationen sammeln

Bevor Sie mit Ihrer Bewerbung beginnen, sollten Sie möglichst viele Informationen über das anvisierte Unternehmen recherchieren. Schließlich wollen Sie sich als optimaler Problemlöser für genau dieses Unternehmen präsentieren. Rufen Sie zunächst in der Telefonzentrale des Unternehmens/der Institution an. Oft wird man Sie von dort in die Öffentlichkeitsabteilung weiterverbinden. Lassen Sie sich ein Profil, eine Pressemappe oder ähnliche Unterlagen zusenden. Bei großen Unternehmen gibt es außerdem Broschüren und Mitarbeiterzeitungen für einzelne Geschäftsbereiche (denken Sie in diesem Zusammenhang auch an die Internetrecherche, s. S. 112).

Zielgruppe: Alle.
Achtung: Lassen Sie sich nicht abwimmeln.

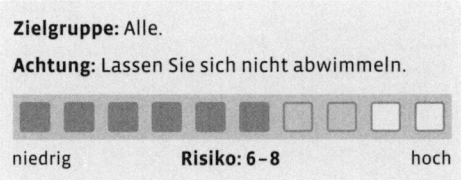

niedrig   **Risiko: 6–8**   hoch

Kontakt aufnehmen

Wenn in der Stellenanzeige darauf hingewiesen wird, dass Bewerber zusätzliche Informationen telefonisch erfragen können, lohnt es sich auf jeden Fall, dieses Angebot zu nutzen. Tun Sie dies nicht, ist das zwar kein Minuspunkt, aber Sie vergeben eine gute Chance, positiv auf sich aufmerksam zu machen. Wenn Sie es geschickt anstellen, kann die telefonische Nachfrage neugierig auf Ihre Person machen. Überlegen Sie sich eine intelligente Frage. Man wird Ihr Interesse schätzen und Ihren Namen „im Hinterkopf speichern". Auch wenn es in der Anzeige nicht ausdrücklich angeboten wird, dürfen Sie im Unternehmen anrufen, selbst wenn keine Telefonnummer angegeben ist.

Vielleicht schaffen Sie es, bereits während des Telefonats Sympathie bei Ihrem Gesprächspartner zu mobilisieren. Das gelingt beispielsweise, wenn man überraschend auf Gemeinsamkeiten stößt (z. B. „Ach Sie haben auch in Marburg studiert"). Versuchen Sie mit aller gebotenen Vorsicht, eine Art „emotionale Brücke" entstehen zu lassen. Ob dies nun durch den Austausch des aktuellen Wetters („Oh, bei Ihnen scheint die Sonne, wir haben es hier leider etwas bewölkt ...") oder der Urlaubsziele geschieht: Hauptsache, Sie kommen auf angenehme, leichte Weise in Kontakt. Nach einem solchen Telefongespräch fällt auch der erste Satz im Anschreiben an Ihren Gesprächspartner leichter. Der kann dann ungefähr so lauten: „Vielen Dank für das informative Telefonat vom 15. März. Das Gespräch hat mich darin bestärkt, mich bei Ihnen um die Position als ... zu bewerben ..." Sollten Sie den Entscheidungsträger nicht persönlich an die Strippe bekommen und nur mit seinem Referenten oder der Sekretärin telefoniert haben, empfiehlt es sich dennoch, im Einleitungssatz Ihres Bewerbungsanschreibens darauf hinzuweisen: „Nach einem Telefonat mit Ihrem Mitarbeiter, Herrn X/Ihrer Sekretärin, Frau Y ..." Höchstwahrscheinlich wird sich der Adressat in einem solchen Fall bei der genannten Person über den Anrufer erkundigen und sich deren persönlichen Eindruck schildern lassen.

Zielgruppe: Alle.

Achtung: Nicht immer gelingt es, eine gute „emotionale Brücke" zu bauen, deshalb üben und weitermachen.

niedrig   **Risiko: 6–8**   hoch

Wir haben schon darauf hingewiesen: Immer öfter telefonieren Arbeitsplatzanbieter, bevor sie einen Bewerber einladen. Sie können auch von sich aus ein Angebot für ein erstes Vorabtelefonat machen, denn auf Unternehmensseite erhofft man sich ja dadurch gewisse Vorteile, Zeit- und Kostenersparnisse. Ganz besonders auffällig ist es, wenn Sie Ihre Telefoninterview-Bereitschaft dem Unternehmen nochmals gesondert zuschicken, nachdem dieses bereits Ihre Bewerbungsunterlagen erhalten hat. Aber seien Sie bitte nicht enttäuscht, wenn

Was Sie auf keinen Fall erfragen sollten:
- Urlaubszeiten
- 13./14. Monatsgehalt
- andere Vergünstigungen
- Angaben, die bereits in der Anzeige stehen

Mehr zum Thema Sympathie und Small Talk finden Sie unter *www.berufsstrategie-plus.de*.

www.

vielleicht nur jedes fünfte Unternehmen darauf reagiert. Als Bewerber, der das selbst vorschlägt, machen Sie auf jeden Fall einen sehr souveränen Eindruck.

> **Zielgruppe:** Ab etwa 20.000 bis 120.000 € p. a., branchen- und unternehmensunabhängig.
>
> **Achtung:** Erfordert Vorbereitung, gute Telefonkommunikationsfähigkeiten und ein bisschen Training!
>
> niedrig   **Risiko: 6–7**   hoch

> **Zielgruppe:** Alle.
>
> **Achtung:** Nicht zu oft anrufen, nicht nerven.
>
> niedrig   **Risiko: 6–8**   hoch

Kontakt halten

Die Fähigkeit, auf Menschen zuzugehen und in Kontakt zu kommen und zu bleiben, ist in der Arbeitswelt von großer Bedeutung. Üben Sie das!

Belassen Sie es nicht dabei, lediglich einmal beim Wunscharbeitgeber anzurufen. Unterstreichen Sie Ihr Interesse, indem Sie am Ball bleiben und immer mal wieder nachfragen. Nicht täglich, aber alle eineinhalb bis zwei Wochen dürfen Sie sich schon melden. Eventuell schreiben Sie zwischendurch auch einmal eine E-Mail.

Bei solchen Aktionen sollte immer eine Kopie Ihrer Bewerbung griffbereit neben dem Telefon liegen, denn nach zwanzig Bewerbungen können Sie nicht mehr genau wissen, was Sie wem wie geschrieben haben. Machen Sie sich Notizen, wann die Kontakte stattgefunden haben.

Nachfassen

Sie haben etwa zwei bis drei Wochen nach Versand Ihrer Bewerbungsunterlagen noch immer keine Reaktion. Jetzt wird es Zeit, höflich nachzufragen – jedoch ohne Vorwurf in der Stimme. Manche Unternehmen legen sogar Wert auf eine solche Nachfrage und werten ein Ausbleiben als fehlendes Interesse oder mangelnde Einsatzbereitschaft.

Gelegentlich hört man, ein Anruf könnte auf Arbeitgeberseite als Störung empfunden werden, und nutzt dieses Argument, um sich als Bewerber vor dem Griff zum Telefonhörer zu bewahren ... Feigheit!

> **Zielgruppe:** Alle.
>
> **Achtung:** Keinen Frust spüren lassen, freundlich und optimistisch bleiben.
>
> niedrig   **Risiko: 6–8**   hoch

Dranbleiben trotz Absage

Allen erdenklichen Mühen zum Trotz ist die gewünschte Einladung zum Vorstellungsgespräch ausgeblieben. Dabei hatten Sie beim vorab geführten Telefonat mit den Entscheidungsträgern einen so positiven und ermutigenden Eindruck. Sie haben nun zwei Möglichkeiten zu reagieren. Sie schreiben einen Brief an das Unternehmen (s. S. 101) oder Sie greifen zum Telefon. Treten Sie jedoch nicht gekränkt oder vorwurfsvoll auf! Bemühen Sie sich vielmehr, das Gegenüber für sich zu gewinnen. Führen Sie mit guten Argumenten aus, was Sie für das Unternehmen tun könnten, und fragen Sie eventuell auch nach anderen Einsatzaufgaben. Ihr erstauntes Gegenüber wird sich erneut mit Ihnen beschäftigen und Sie nicht selten bitten, die Unterlagen nochmals einzureichen.

Zielgruppe: Fast alle, Führungskräfte oder Bewerber mit über 80.000 € p. a. sollten sehr vorsichtig sein.

Achtung: Keine Vorwürfe, Anklagen oder Selbstmitleid.

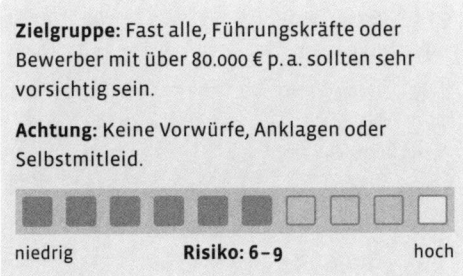

niedrig　　**Risiko: 6–9**　　hoch

Nach dem Vorstellungsgespräch

Wenn Sie nach einem Vorstellungsgespräch eine Absage erhalten, dürfen Sie ruhig die Gründe erfragen – nett und freundlich selbstverständlich, und unter keinen Umständen beleidigt. Bitten Sie um einen persönlichen Tipp für Ihre weiteren Bewerbungen. Erstens gibt jeder Mensch anderen gerne Ratschläge. Zweitens bringen Sie sich auf diese Weise noch einmal in Erinnerung und zeigen Einsatzbereitschaft und soziale Kompetenz in einer für Sie recht schwierigen Situation. Und drittens springt vielleicht wirklich ein wichtiger Tipp heraus, der Ihnen bei weiteren Bewerbungsvorhaben gute Dienste leistet.

Zielgruppe: Fast alle, Führungskräfte sollten vorsichtig sein.

Achtung: Auch wenn Sie enttäuscht sind, keine Vorwürfe, Anklagen, Entschuldigungen, Selbstmitleid.

niedrig　　**Risiko: 6–9**　　hoch

Sonderfall Initiativbewerbung

Beispiel:
„Guten Tag, Herr Cordes, mein Name ist Sven Karweit. Ich weiß, dass Ihr Unternehmen plant, die Ölpumpenserien auszubauen. Deshalb möchte ich mich gerne als Softwaretechniker bewerben. Haben Sie fünf Minuten Zeit für mich, oder passt es Ihnen besser, wenn ich Sie morgen Nachmittag, sagen wir gegen 15 Uhr, wieder anrufe?"

Finden Sie heraus, welcher Gesprächspartner für Ihre Initiativbewerbung zuständig ist (Recherche im Internet oder direkt über die Zentrale). Bereiten Sie eine solche Kontaktaufnahme sehr sorgfältig vor, fassen Sie Ihr Anliegen und Ihren beruflichen Hintergrund in einigen wenigen Sätzen zusammen und üben Sie Ihren Text, bevor Sie den Anruf starten. Ihr Gesprächspartner hat bis zu diesem Zeitpunkt noch nie von Ihnen gehört und es gibt erst einmal keinen Anknüpfungspunkt.

Haben Sie den richtigen Gesprächspartner erreicht, sollten Sie als Erstes fragen, ob er in diesem Augenblick gerade Zeit für Sie hat. Wenn nicht, schlagen Sie unbedingt eine konkrete alternative Anrufzeit vor, und verabreden Sie möglichst einen festen Termin, zu dem Sie wieder anrufen dürfen.

Zielgruppe: Alle.

Achtung: Sich möglichst nicht entmutigen lassen, wenn Sie nicht gleich erfolgreich sind.

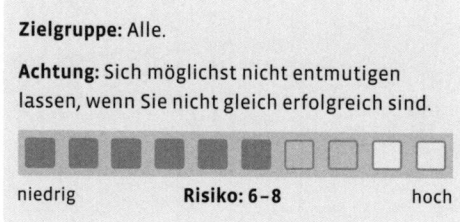

niedrig   **Risiko: 6–8**   hoch

Rückruf potenzieller Arbeitgeber

Wenn Sie sich bei einem Unternehmen beworben haben, sollten Sie immer damit rechnen, dass der potenzielle Arbeitgeber Sie anruft. Denken Sie also in dieser Phase daran, sich nicht gerade mit Ihrem Spitznamen oder sonstigen Scherzen am Telefon zu melden. Und geben Sie diese „Warnung" und weitere Verhaltensregeln auch an die Personen, mit denen Sie zusammenleben und die möglicherweise Ihren Telefonanschluss mitbenutzen.

Ist der Text auf Ihrem Anrufbeantworter seriös genug? Verzichten Sie auf Spaßansagen oder aufdringliche Musik – künftige Arbeitgeber halten so etwas eher für eine Zumutung.

Gezielte Überraschungsanrufe bieten gewieften Personalchefs die Möglichkeit, durch Reaktion und Hintergrundgeräusche einen Einblick ins häusliche Leben zu gewinnen. Ziehen Sie sich, wenn es gerade etwas laut und hektisch ist (laute Kleinkinder, kläffende Haustiere, Musik etc.), in eine ruhige Ecke zurück.

Zielgruppe: Fast alle.

Achtung: Alle, die Zugang zu Ihrem Telefon haben, in die Vorbereitung mit einbinden.

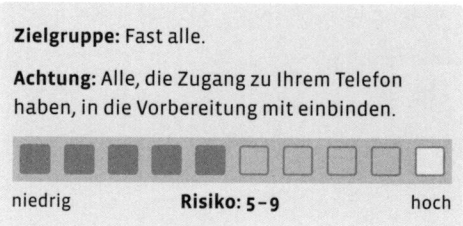

niedrig   **Risiko: 5–9**   hoch

Weitere Möglichkeiten der Kontaktaufnahme

Wo und wie gelingt es Ihnen, den direkten persönlichen Kontakt aufzunehmen, um für Ihr Bewerbungsvorhaben eine geeignete „Bühne", eine gute Ausgangsbasis zu generieren? Sie haben die Wahl zwischen geschäftlich orientierten Unternehmungen oder eher privaten Aktivitäten. Durch welches Auftreten wird Ihnen das Kontaktieren der wichtigen, der „richtigen" Leute erleichtert?

Jedes Gespräch, das sich bei diesen Gelegenheiten ergibt, ist immer auch ein (indirektes) Vorstellungs-, Einstellungs- und Verkaufsgespräch. Seien Sie darauf gut vorbereitet. Tragen Sie stets ein paar Visitenkarten oder, noch besser, Profilcards (s. S. 45) bei sich. Vor allem aber brauchen Sie eine Art Struktur, ein Konzept, wie Sie kurz die wichtigen Botschaften, die entscheidenden Stichworte über sich (Kompetenz, Leistungsmotivation und Ihre Wesensart) anderen vermitteln wollen.

Zunächst eine Übersicht, die Ihnen die verschiedenen Wege und Chancen vor Augen führen soll:

Im geschäftlichen Umfeld
- Messen und andere berufliche Zusammenkünfte
- Seminare, Workshops (intern und extern)
- Mitgliedschaften in Verbänden und Vereinen
- Feiern – von der kleinen internen Geburtstagsfeier über betriebliche Weihnachtsfeiern bis hin zum Firmenjubiläum (eigene und fremde Firmen)
- Vorträge, Auftritte (anderer Personen und eigene)
- mündliche Beiträge (zu Vorträgen anderer und eigene Reden etc.)
- Visitenkartenpartys
- Personalvermittlungsprofis (Headhunter, Vermittler, Personalberater, Trainer und Karriere-Coachs)
- Zeitarbeit

Im privaten Umfeld
- Feste, Feiern, Zusammenkünfte
- Vereine, Engagements
- Hobbys, Freizeitaktivitäten

Wenn Sie Ihre gut gepflegten Networking-Unterlagen durchsehen (s. S. 148), werden Sie auf viele Möglichkeiten der Kontaktaufnahme stoßen, an die Sie bisher noch nicht gedacht hatten. Wir stellen Ihnen gleich eine besonders attraktive und recht neue Veranstaltungsart vor, an der Sie ohne viel Aufwand teilnehmen können.

Wohltätige Clubs im Internet:
- *www.lions.de*
- *www.rotary.de*
- *www.kiwanis.de*

Selbstbewusstsein, Kommunikationsfähigkeit, Beziehungsfähigkeit und Sympathie-Mobilisierungsfähigkeit bilden die Key Soft Skills in der modernen Arbeitswelt. Selbstbewusste PR in eigener Sache, Beziehungspflege und kommunikative Intelligenz sind Verhaltensmerkmale, auf die es heutzutage immer mehr ankommt.

Visitenkartenpartys

„Kontakte knüpfen leicht gemacht" – so lautet das Motto der Visitenkartenparty-Organisatoren. Unabhängig von Alter, Geschlecht und beruflicher Position sowie Branche trifft man sich bei solchen Networking-Veranstaltungen, um dann unkompliziert mit Vertretern aller möglichen Unternehmen und Branchen ins Gespräch zu kommen. Fast noch wichtiger als die obligatorische Ausrüstung mit vielen Visitenkarten ist hierbei eine offene, neugierige Grundeinstellung, mit der man dann auf neue Leute zugehen sollte.

Meist beginnt eine Visitenkartenparty zum besseren „Aufwärmen" mit kleineren Kennenlern-Spielrunden, und in der Regel helfen spezielle Namensschilder, die Branche der Teilnehmer schnell zu erkennen. Kontaktbörsen dieser Art gibt es seit einigen Jahren in vielen deutschen Großstädten; Veranstalter und Termine finden Sie im Internet mithilfe von Suchmaschinen. Beachten Sie die wichtigste Networking-Grundregel: Nur ein Gleichgewicht von Geben und Nehmen führt zum Erfolg. Sehen Sie nicht nur Ihren eigenen Nutzen, sondern auch den Ihres neuen Kontaktes.

Häufig ist die Anmeldung zu einer Visitenkartenparty mit dem Ausfüllen eines kurzen Profils verbunden, durch das Sie sich und Ihren beruflichen Hintergrund kurz darstellen. Die Profile der Teilnehmer werden dann bei der Veranstaltung selbst ausgehängt oder als kleine Broschüre verteilt. Rechnen Sie mit einer Teilnehmergebühr (20 € und mehr). Die Anzahl der Anwesenden reicht von 50 bis 200 Personen. Mittlerweile gibt es auch zahlreiche Partys, deren Zielgruppen eingeschränkter sind. So gibt es Veranstaltungen nur für Frauen oder für Angehörige bestimmter Branchen. Halten Sie die Augen offen und nutzen Sie die Gelegenheit, an einer solchen Veranstaltung teilzunehmen. Man weiß nie, was sich aus einem netten, zwanglosen Kontakt in der Zukunft ergeben kann.

Zielgruppe: Selbstbewusste, schon etwas erfahrenere Kandidaten. Auf Ankündigung achten: Gehören Sie zur Zielgruppe der Party?

Achtung: Nicht gleich übersprudeln, sich gut vorbereiten.

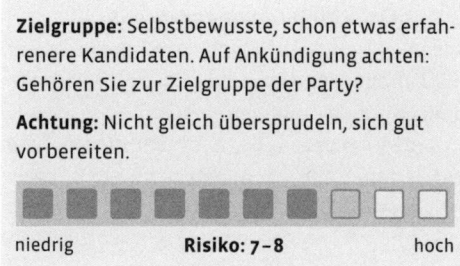

niedrig　　　　Risiko: 7–8　　　　hoch

Tipps für den ersten Kontakt

Kontakte ergeben sich oft spontan, in Situationen, die mit Ihrem Beruf bzw. mit Ihrer Jobsuche nichts zu tun haben. Ob durch Zufall bei Freunden auf einer recht kleinen, persönlichen Feier, während einer lockeren, großen Gartenparty oder beim Restaurantbesuch, bei dem Sie mit den sympathischen Nachbarn am Nebentisch ins Austauschen von Erfahrungen und freundlichen Empfehlungen kommen: Über Small Talk rutschen Sie tiefer und tiefer ins Gespräch, das irgendwann auch Ihre beruflichen Aktivitäten berührt.

Sie müssen vor allem wissen, was Sie an Inhalten und Botschaften über sich und Ihr Vorhaben gezielt ins gemeinsame Gespräch einbringen können und wollen. Überwinden Sie Ihre Bescheidenheit und setzen Sie Ihre beruflichen Leistungen und Pläne ins rechte Licht – ohne jedoch arrogant und selbstverliebt zu wirken.

Etwas anders verhält es sich mit Kontakten, die sich, gezielt oder auch ungeplant, im beruflichen Umfeld ergeben. Wenn Sie davon ausgehen, dass Sie bei einer Fachmesse mit für Sie wichtigen Gesprächspartnern zusammentreffen werden, ist das Ihre Chance, die Sie – natürlich bestens vorbereitet – unbedingt nutzen sollten. Präsentieren Sie sich und knüpfen Sie Kontakte.

Finden Sie zunächst einen Anknüpfungspunkt, der außerhalb Ihrer momentanen beruflichen Absichten liegt, Ihren Gesprächspartner aber interessieren dürfte. Gelingt es Ihnen durch Bemerkungen, Vergleiche, Ideen, Ihren Gesprächspartner neugierig zu machen, sind Sie schon einen gewichtigen Schritt weiter.

Sie können in dieser Situation z. B. eine intelligente Frage stellen oder eine Bemerkung machen, die verdeutlicht, dass Sie sich mit der Materie intensiv auseinandergesetzt haben. Wichtig ist es, in Kontakt zu kommen und eine positive Atmosphäre entstehen zu lassen. Das gelingt Ihnen sicherlich weniger durch Kritik, Klagen, allgemeinen Branchen-Pessimismus oder Selbstmitleid!

Und noch weitere Möglichkeiten der Kontaktaufnahme

Es gibt Aktivitäten, Interessen, Hobbys und gesellschaftliche Zusammenkünfte, bei denen man unter Garantie auch mit Berufskollegen zusammenkommt. So etwas spielt sich häufig fern vom beruflichen Alltag ab. Beispielsweise existiert eine ganze Reihe von akademischen oder speziellen Ärzte-Orchestern. Sicher findet sich der eine oder andere Berufsvertreter der Großindustrie auch mal in einem Schachverein, sehr viel wahrscheinlicher aber ist es, diesen Typus auf dem Golf- oder Tennisplatz anzutreffen. Und wenn Sie ein bisschen recherchieren, werden Sie herausfinden, welche Vertreter welche Gruppierung, welchen Verein oder Club bevorzugen. Sie haben also durchaus die Chance, als Jurist den einen oder anderen Berufskollegen in einem Segelverein anzutreffen. Denken Sie auch an wohltätige Organisationen wie den Rotarierclub oder den Lionsclub. Und ob nun bei einer speziellen Fernreise, in einem Kunstförderkreis oder Musikverein: Nutzen Sie die Möglichkeiten dieser eher informellen Kontaktaufnahme, bewegen Sie sich mit offenen Augen und Ohren durch die vielen Formen der sozialen Gemeinschaft. Viele solcher Initiativen sind aus dem Wunsch entstanden, sich in einer nicht rein beruflichen Umgebung auszutauschen und sich gegenseitig zu unterstützen.

Für den Gesprächseinstieg bietet sich auch die BASF-Formel an. Mehr dazu lesen Sie auf *www.berufsstrategie-plus.de*.

www.

Bestechende Einstiegsofferten

Personalreferent, 30, Großbank:
„Bei uns im Haus, befürchte ich, haben es kreative Leute eher schwer. Außergewöhnliche Bewerbungen sehe ich mir schon einmal gerne an, aber die Kolleginnen, die die Vorauswahl zu treffen haben, sind immer sehr beschäftigt, haben wirklich viel zu tun, und ich befürchte, die finden nichts toll an einer kreativen Bewerbung. Wichtig ist doch, dass etwas vom Bewerber wirklich rüberkommt, mir eine Grundlage gibt zu entscheiden, ob ich mehr Zeit investiere."

Manchmal ist es die konkrete Form des Einstiegs in den Job, die zum Problem werden kann. Sie kennen Ihre Ansprechpartner, haben sich – schriftlich und persönlich – vorgestellt, und das Interesse von Arbeitgeberseite ist durchaus zu spüren. Dennoch kommt es einfach nicht zu einer verbindlichen Zusage. Es kann einen oder mehrere Gründe für dieses Verhalten des Entscheiders geben: beispielsweise eine gewisse Unsicherheit, die Kostenfrage, die Auftragslage oder andere Rahmenbedingungen, die noch geschaffen werden müssten.

Auch in dieser schwierigen Situation können Sie auf vielerlei Art aktiv werden und Ihrem Verhandlungspartner Angebote machen, die Ihnen einen Einstieg ermöglichen. Wägen Sie diese Angebote sorgfältig ab – Sie müssen sich damit wohlfühlen und Ihr Ziel, die Festanstellung, weiter im Auge behalten

Die konventionellste Möglichkeit, um zu testen, ob man zusammenpasst, ist natürlich die in jedem Arbeitsvertrag definierte Probezeit. Sie dauert in der Regel zwischen drei und sechs Monate. Wenn es aber erst einmal nicht zu dem ersehnten Vertrag kommt, gibt es auch andere Wege, wie Ihr Wunscharbeitgeber Ihre Leistung für das Unternehmen ausprobieren kann. Einige wollen wir Ihnen hier vorstellen.

Zwei Faktoren sind bei diesen Angeboten stets von besonderer Bedeutung: die Bezahlung und die Dauer eines bestimmten Arrangements. Außerdem: Welchen Erfahrungs- und Lerngewinn erwarten Sie? Erkundigen Sie sich, was in den von Ihnen angestrebten Arbeitsbereichen üblich ist.

Die Unterschiede sind erheblich, was sowohl die Rahmenbedingungen anbetrifft als auch die Bezahlung. Wenn Sie über diese Konditionen Bescheid wissen, zeichnet Sie das zusätzlich als kompetenten zukünftigen Mitarbeiter aus.

Just Part Time

Ein Teilzeitjob stellt schon etwas Außergewöhnliches dar, es sei denn, Sie wählen bewusst diesen Weg, weil Sie so beispielsweise Beruf und Familie besser vereinbaren können. Sie arbeiten als Teilzeitkraft entweder nur an bestimmten Tagen in der Woche oder aber nicht die tägliche volle Stundenzahl. Entsprechend geringer ist Ihr Gehalt.

Vielleicht fällt Ihnen durch diese Form der Einstieg leichter, weil Sie Ihr Geld noch in Ihrem alten Beruf oder Bereich verdienen müssen. Vielleicht ist es auch ein Angebot, das den Gegebenheiten Ihres Arbeitsplatzanbieters entgegenkommt, weil er so mehr Zeit findet, Sie persönlich einzuarbeiten, und er Ihnen persönlich wichtige Dinge beibringen kann (beispielsweise in der Lebensmittelherstellung: Bäcker, nur in den sehr frühen Morgenstunden). In jedem Fall ist es eine Überlegung wert, ob dies der Weg sein kann, Sie beide zusammenzubringen.

> **Zielgruppe:** Quereinsteiger, junge und unerfahrene Kandidaten und andere besondere Ausgangspositionen.
>
> **Achtung:** Finden Sie so heraus, ob dieser Job für Sie der richtige ist!
>
>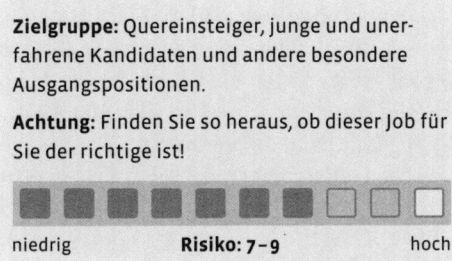
> niedrig   **Risiko: 7–9**   hoch

Neue Chancen durch Zeitarbeit

Zeitarbeitsfirmen waren lange so etwas wie die „Schmuddelkinder", mit denen man sich nur im äußersten Notfall einlassen sollte. Das hat sich grundlegend geändert. Aus einer Nischenbranche mit zweifelhaftem Niveau ist ein Wirtschaftszweig geworden, dem die kritischen Banken ein enormes Wachstumspotenzial zutrauen.

Das System funktioniert so: Hat ein Unternehmen einen personellen Engpass und braucht kurzfristig kompetente neue Mitarbeiter, wendet es sich oftmals an eine Zeitarbeitsfirma. Diese nimmt ihrem Kunden die aufwendige Beschaffung und Auswahl ab und all die damit verbundenen Unannehmlichkeiten wie das Risiko und einen erheblichen Zeit- und Kostenaufwand.

Der Weg über ein Zeitarbeitsunternehmen kann Ihnen einige interessante Türen öffnen. Die Vorstellungsgespräche mit der Zeitarbeitsfirma laufen nach dem gleichen Schema ab wie bei anderen Unternehmen, sind aber in der Regel deutlich kürzer. Die Übernahmewahrscheinlichkeit liegt bei etwa 50 Prozent. Je jünger Sie sind und je höher Ihre Qualifikation, desto besser stehen Ihre Chancen. Aber auch gestandene „ältere" Arbeitnehmer sollten mutig ihre Möglichkeiten testen.

Ihr Verdienst bei den Zeitarbeitsunternehmen ist durchaus verhandelbar. Auch wenn er bisweilen noch deutlich unter dem Ihrer fest angestellten Kollegen liegen kann (etwa 15 bis 35 Prozent), ergibt sich für Sie eine gute Chance, Ihr Leistungsniveau zu zeigen und selbst einen tieferen Einblick in bestimmte Unternehmen und Branchen zu bekommen.

Die Erfahrung unterschiedlicher Unternehmenskulturen innerhalb einer kurzen Zeitspanne mittels Zeitarbeitsfirma macht sich in Ihrem beruflichen Werdegang also gar nicht so schlecht.

> **Zielgruppe:** Alle Bewerber bis etwa 50.000 € p. a.
>
> **Achtung:** Sie sollten keine Berührungsängste haben, lern- und anpassungsfähig sein.
>
> niedrig   **Risiko: 6**   hoch

Zeitarbeitsfirmen:
- www.adecco.de
- www.manpower.de
- www.randstad.de
- www.amadeus-fire.de

Marketing- und Kommunikationsfachmann, 33, Bewerbungstrainer:
„Mit seinem Mitarbeitsangebot in der großen Menge von Bewerbern heute positiv aufzufallen ist eine besonders hohe Hürde. Ich habe mit verschiedenen Kandidaten sehr individuell und teilweise auch ganz vorsichtig die hier vorgestellten Ansätze ausprobiert und muss sagen, der Erfolg hat mich erstaunt. Es lohnt sich vielleicht nicht immer und überall, aber das liegt ja auf der Hand. Ich kann es wirklich nur empfehlen."

Viele Wege führen nach Rom

Mit ein bisschen mehr an Planung, Aufmerksamkeit und Engagement ist beim Bewerben Erstaunliches zu bewirken. Wir haben Ihnen die wichtigsten Ansätze gezeigt.

Ob schriftlich, digital oder persönlich, eher konservativ oder ziemlich unkonventionell, aufgepeppt durch ästhetische Tricks und Kniffe oder mit zusätzlichem Infomaterial (Add-on-Strategie), hier konnten Sie neue Wege und Formen finden, die auch Ihrer Bewerbung eine entscheidend höhere Aufmerksamkeit zukommen lässt.

Permanent beklagen sich Personalauswähler, wie schwer es Ihnen fällt, den richtigen Mann, die richtige Frau für die zu besetzende Position zu finden. Auf der anderen Seite führen abgelehnte Bewerber ebenso Klage darüber, nicht eingeladen zu werden, keine Chance zu bekommen zu zeigen, was sie leisten können. Nicht selten kommen in unsere Büros für Berufsstrategie Klienten, die 20, 30, manche sogar über 50 Bewerbungen versandt und keine oder nur eine Einladung zu einem Vorstellungsgespräch erhalten haben. Hier zeigt die Erfahrung, dass eine intensive Beratung und entsprechende Überarbeitung der Bewerbungsunterlagen die persönliche Quote schon nach recht kurzer Zeit auf 3:1 (auf drei Bewerbungen eine Einladung) ansteigen lässt, im Idealfall sogar fast auf 4:3. In der Regel sind bei einer mangelhaften Erfolgsquote zwei Kardinalfehler zu beobachten: Die Bewerbungsunterlagen sind nicht ausreichend klar strukturiert bzw. im positiven Sinne wirklich informativ (häufig lediglich „08/15") und erwecken damit beim (flüchtigen) Lesen nicht den Wunsch, den Bewerber kennenlernen zu wollen. Oder die Auswahl der potenziellen Arbeitgeber ist aufgrund unklarer beruflicher Vorstellungen oder persönlicher Unsicherheiten zu unspezifisch und dadurch einfach viel zu wenig Erfolg versprechend.

Nicht selten spielt – neben der aktuellen wirtschaftlichen Lage – eine Kombination beider Faktoren eine ursächliche Rolle. Eine Verbesserung der persönlichen Erfolgsquote ist nach Überarbeitung der Unterlagen und verbesserter Auswahl der angesprochenen potenziellen Arbeitgeber immer möglich, wie unsere tägliche Beratungspraxis zeigt. Und ein gut vorbereiteter Erstkontakt, ob am Telefon oder gleich in der persönlichen Begegnung, setzt die Chancenerhöhung positiv fort. Der Erfolg unserer Klienten steht dafür, und unsere über die Jahre erworbene Erfahrung auf diesem Gebiet dokumentiert, wie erfolgreich unsere Methode ist.

Was Sie noch wissen sollten ...

Das Autorenteam Hesse/Schrader ist seit fast 30 Jahren auf dem Sektor der Bewerbungsratgeber sowie zu weiteren Themen aus der Arbeitswelt publizistisch tätig.

Am Anfang stand die erstmalige Veröffentlichung von sogenannten Intelligenztests sowie deren kritische Reflexion. Beide Autoren verfügen über langjährige Erfahrung als Seminarleiter bei Test- und Bewerbungstrainings.

1992 gründeten sie in Berlin das *Büro für Berufsstrategie*, das Arbeitnehmer in allen erdenklichen beruflichen Fragen berät und unterstützt. Weitere Büros in Hamburg, Frankfurt, Köln, Stuttgart und München folgten.

In der Ratgeber-Reihe Beruf & Karriere präsentieren Hesse/Schrader Ihnen die wichtigsten Bewerbungsthemen: die verschiedenen Formen der schriftlichen Bewerbung, das Vorstellungsgespräch, Arbeitszeugnisse sowie zahlreiche Spezialbücher zur Vorbereitung auf Eignungs-, Einstellungs- und Auswahltests.

Bitte besuchen Sie auch die Internetseite *www.berufsstrategie.de*. Hier finden Sie weitere aktuelle Informationen zu vielen Themen im Bereich Karriere/Bewerbung und erhalten Empfehlungen für die Auswahl passender Bewerbungsmappen, Hilfe bei der Suche nach professionellen Fotografen sowie Hinweise auf Rechtsberatung bei allen beruflichen Herausforderungen.

Viel Erfolg auf dem Weg zum neuen Job. Und denken Sie immer daran:

Wir sind nicht auf der Welt, um so zu sein, wie andere uns haben wollen!

Anmerkungen

1 „Auffallen ist alles", auf www.zisch.ch (Zentralschweiz online vom 14.12.2006)

2 „Schrille Bewerbungen: Witzischkeit kennt durchaus Grenzen", http://www.spiegel.de/fotostrecke/schrille-bewerbungen-witzischkeit-kennt-durchaus-grenzen-fotostrecke-65899-2.html (Zugriff 29.1.2013)

3 www.youtube.com, dort findet man noch die Antwort des Radiosenders

4 „Der Weg zum Radio war eigentlich schon früh klar – Claudia Wandrey moderiert und talkt bei bigFM", RADIOJOURNAL 7/2006, http://www.radio-journal.de/interviews/gespraeche/claudia-wandrey/claudia.htm (Zugriff 29.1.2013)

6 „Impossible is nothing", http://en.wikipedia.org/wiki/Impossible_Is_Nothing_%28video_r%C3%A9sum%C3%A9%29 (Zugriff 29.1.2013); siehe auch www.youtube.com, Stichwort: Aleksey Vayner

7 „Originell schon, aber bitte kein Mumpitz", http://www.spiegel.de/karriere/berufsstart/schraege-bewerbungen-originell-schon-aber-bitte-kein-mumpitz-a-751906.html6 (Zugriff 29.1.2013)

Weiterführende Literaturhinweise

- Hesse/Schrader, *Training Schriftliche Bewerbung*

- Hesse/Schrader, *Training Vorstellungsgespräch*

- Hesse/Schrader, *Die erfolgreiche Online-Bewerbung*

- Hesse/Schrader, *Die perfekte Bewerbungsmappe*

Stichwortverzeichnis

A

Absage 101, 157
Absage-Antwortbrief 101
Add-on-Strategien 62
AGG (Allgemeines Gleichbehandlungsgesetz) 26
AIDA-Formel 33
Alleinstellungsmerkmal 32
Anlagenverzeichnis 15, 26, 70, 71, 79, 109, 124
Anschreiben 14, 15, 27, 29, 35, 43, 51, 52, 53, 56, 80, 103, 120, 121, 123, 155
Antwortkarte 43, 79
Arbeitslosigkeit 132, 138
Arbeitsproben 95, 120
Arbeitszeugnisse 26, 70
Aufmerksamkeit 5, 41, 42, 54, 64, 80, 91
Auswahlkriterien 67
Authentizität 5, 6

B

Beruflicher Werdegang 12
Betreff 28, 35, 80, 123, 126
Bewerbungsflyer 41
Bewerbungs-Homepage 7, 8, 76, 117, 119, 142, 143

Beziehungsnetz-Pflege 150
Blog 113, 134, 135, 136, 137
Briefbögen 50
Business-Kontaktbörsen 138

D

Deckblatt 14, 15, 36, 62, 63, 104
DIN 5008 51
Doppelbewerbung 49
Dritte Seite 15, 72, 73, 75

E

Einleitungsseite 14, 64, 105
E-Mail-Bewerbung 119, 123, 124, 126
Emotionale Intelligenz 17
Empfehlungen 77, 78

F

Facebook 113, 114, 141, 144
Firmenhomepage 115, 118, 130, 137
Flyer 41, 42, 43, 44
Foren 114, 134
Foto 23, 124

G

Gehaltsvorstellung 30, 31, 66
Gestaltungsmöglichkeiten 21, 29, 47, 60, 124
Google+ 140, 141

H

Handschrift 29, 53, 63, 76
Handschriftenprobe 72, 76
Hobbys 20, 68, 114, 146, 149, 159, 161

I

Inhaltsverzeichnis 14, 15, 64, 70
Initiativbewerbung 33, 103, 124, 139, 158
Internet-Kontaktbörsen 138

J

Jobbörsen 41, 116, 139

K

Kleidung 25, 144, 146
Kommunikationsziel 13, 32, 33, 151
Kompliment 80
Kontaktaufnahme 47, 88, 138, 158, 159, 161
Körpersprache 146
Kurzbewerbung 33, 39, 40, 48

L

Lebenslauf 12, 14, 15, 16, 18, 20, 21, 22, 37, 38, 43, 53, 54, 106, 118, 120, 121, 124, 143

Lebenslaufvarianten 21

Leistungsmotivation 27

Leistungsprofil 48

LinkedIn 113, 138, 139, 141

M

Messen 19, 41, 42, 45, 159, 161

N

Nachfassen 99, 101, 156

Networking 5, 139, 140, 141, 148

Netzwerkorganigramm 148

O

Onlineformular 130, 131, 132

P

Persönlichkeit 5, 7, 16, 23, 27, 63, 68, 76, 125, 142, 146

PowerPoint 133, 143

Probezeit 101, 162

Problemlösungsangebot 37

Problemlösungskompetenz 19, 32, 80

Problemlösungsqualitäten 12, 65

Profilcard 33, 45, 48, 159

PS-Zeile 62, 80

R

Referenzen 27, 52, 70, 77, 78, 151

Religionszugehörigkeit 16

Resümee 14, 67

S

Selbstdarstellung 13, 38, 135, 141

Small Talk 5, 155

Sozialkompetenz 87, 154, 157

Stellenbörsen 115, 117

Stellengesuche 47, 48, 115, 117

Sympathie 20, 23, 38, 72, 144, 155

T

Twitter 113, 114, 141, 144

U

Unterschrift 20, 53, 54, 62, 63, 64, 107, 108, 109, 123

USP 32

V

Versand 98

Video 144, 145, 146

Visitenkarten 159, 160

W

Wasserzeichen 29, 52

X

Xing 113, 114, 138, 139, 141

Z

Zeitarbeit 159, 163